度小月系列

關於度小月……………………

　　在台灣古早時期，中南部下港地區的漁民，每逢黑潮退去，
漁獲量不佳收入艱困時，為維持生計，便暫時在自家的屋簷下，
賣起擔仔麵及其他簡單的小吃，設法自立救濟渡過淡季。

　　此後，這種謀生的方式，便廣為流傳稱之為『度小月』。

小吃拼圖

路邊攤賺大錢 money6

【異國美食篇】

目錄

士林夜市大南路自治會會長　許明聰先生

小吃致富不是夢

　　士林夜市在台北算是數一數二的觀光夜市，它的範圍以陽明戲院為中心，擴及文林路、大東路與大南路等精華地帶。其中，大南路更因為設置了觀光夜市的入口標示，而成為逛街人潮的指標街道。

　　如果你曾經到過士林夜市，除了被琳瑯滿目、香味四溢的美味小吃所吸引外，萬頭鑽動的人潮一定也令你印象深刻。對於遊客和老饕而言，擁擠的人群或許會妨礙遊興；但對路邊攤的店家而言，這可是賺大錢的保證！

　　近幾年在經濟不景氣的影響之下，經營路邊攤生意的人潮如雨後春筍般出現，尤其是夜市，更是路邊攤小吃店家的必爭之地。以士林夜市為例，每天就不知有多少新手頭家想在這裡尋找立足之地，希望創造另一個致富的奇蹟。

　　士林夜市因為是個知名的國際夜市，再加上有四通八達的捷運，交通便利，因此匯集了數不清的的攤販，吃喝玩樂樣樣俱全。在眾多的攤位中，異國風味的美食也佔了一大部分，像是印度的甩餅、日式章魚燒、韓式鍋燒麵以及中東料理等，在在都突顯出這個夜市的國際化，讓遊客彷彿身在地球村中，想吃哪一國料理，都可以找到，一次吃個夠。

　　現在，大都會文化出版的《路邊攤賺大錢》【異國美食篇】一書，便匯集了十一項來自國外異鄉的風味小吃，這些食物的特殊美味與作法，以及店家的經營之道，都在書中一一呈現。已經出了五本的《路邊攤賺大錢》，之前內容多半偏重介紹台灣小吃；第六本

【異國美食篇】則不同以往地介紹了許多的國外小吃，讓想開路邊攤的人可以跳脫既往蚵仔麵線、水煎包、甜不辣和蔥油餅等台灣美食的範疇，從比較新穎的小吃種類去拓展自己生意的版圖。

　　以前人們認為自己當老闆風險大，還是拿穩定薪水好，但是因為被裁員，沒收入沒工作，因此現在很多人是被動的開店。只是沒有創業的經驗的人，該怎麼踏出第一步呢？當然是從最快速簡單的領域下手。而就「食衣住行」民生大事而言，「食」是最重要的也是最不可缺，很多人因而選擇開路邊攤為轉業的第一選擇，這也就是為什麼社會經濟情況不佳時，小吃路邊攤會越來越多的原因。

　　我覺得像《路邊攤賺大錢》這種教導大家在景氣低迷的時候，以小吃作為謀生或賺錢工具的書籍，是十分值得鼓勵與肯定的。因為這不但給許多失業的人們一個重新出發的生機，也間接帶動了夜市或小吃攤的生意熱潮。書中除了介紹美食外，更重要的是網羅了許多經營路邊攤的注意事項，可說是集合了許多老闆的開店心得、經營技巧與食材秘方，相信從這本書中，很多人都可以找到自己的一片天空。

　　此外，開小吃攤也要有本錢，不論是器具、攤位、人力與食材等等，通通需要金錢。若發現自己資金不足也沒關係，現在有很多店可以讓你加盟。例如在士林夜市中，就有許多像這樣的店。有了加盟的幫助，招牌與知名度已經有了一定的水準，經營起來也會比較輕鬆。而關於加盟的部分，本書中也都有很詳細的資料，可真是替許多想加盟的人省去了許多麻煩的步驟。

　　小吃雖然是小本經營的行業，但可不要小看這些一點一滴累積的財富，士林夜市中有許多經營幾十年的店家老闆，便是靠著這樣的辛勤耕耘，而成為開賓士、買樓房的有錢人。心動了嗎？歡迎你加入路邊攤賺大錢的行列！

路邊攤店家

▶ 印地安美式鬆餅

▶ 比薩王

▶ 阿里八八的廚房

▶ 印度先生的甩餅小舖

▶ 它克亞奇章魚燒

▶ 昆明園

▶ 豪俐鐵板沙威瑪

▶ 三丸子

▶ 正宗馬來西亞咖哩雞

▶ 仙人掌

▶ 阿諾可麗餅

印第安美式鬆餅

鬆軟可口的美式鬆餅
下午茶的最佳點心
鹹的甜的通通有
料好實在營養可口

印第安美式鬆餅

鬆餅，源自於歐洲，常見於早餐或下午茶；傳到美國之後，由於便利的作法符合美國人灑脫的個性，因此頗受歡迎。

在全球化的影響下，台灣接收了來自世界各地的精緻美食，而且不必親至大飯店，在街頭夜市，同樣有機會品嚐到精心調理的異國風味。講究口味的老饕一定知道，想要一嚐不同於台灣風味的小吃，儘管往人潮聚集的夜市擠就對了。

許多學生與上班族一定會把鬆餅當成零食享用，在下午茶時間或者看電影前來份鬆餅，是人生一大享受。

「印地安美式鬆餅」位在公館最繁華的東南亞戲院前面，加上老闆與老闆娘認真的經營，鬆餅的品質獲得客人肯定。天時、地利、人合無一不缺，當然生意興隆，業績也就蒸蒸日上了。

在採訪的過程中，老闆娘李慶鐘不斷的以「歡喜心、甘願做」來形容自己的心情。對宗教信仰虔誠的她，任何的收穫都歸因於神明的福報。雖然有人可能會認為她太過迷信，不過腳踏實地的認真態度，可能真的是宗教帶來的力量吧！

✌ 美國 🇺🇸

ⓘ 加盟店(從1、2坪至50坪不等)

⌂ 北市汀州路二段177號

✆ (02)2365-8447

🕘 09：00～23：00

💰 20萬元

$ 1萬元至1萬3千元

心路歷程

王良佑與李慶鐘夫婦，從事餐飲業已經將
近有十年的經驗，二人一起攜手走過這條充滿
挑戰的路。在販賣美式鬆餅之前，他們也曾經
開設過珠寶店，後來又轉
型為製作台灣式的小吃
為生，諸如土魠魚
羹、滷肉飯等，那時候的

> 產品都是我們自己所研
> 發的，還曾經有客人表
> 示比希爾頓飯店的還好
> 吃哦！」

老闆娘・李慶鐘(與員工)

店址與現在所在位置一樣，都是在東南亞戲院旁邊。一方面因為王
氏夫婦真的用心經營，一方面地點頗佳，所以那個時候小吃攤的生
意，就已經算是同業中令人稱羨的範例。

由於店面尚屬寬敞，土魠魚羹也做出口碑，一切都上軌道之
後，夫婦二人於是決定多元化經營。除了熱食之外，考量到炎熱的
天氣會影響消費者食慾，所以挪出一半的空間，另外提供大碗的自
助冰品。很幸運的，這果真吸引了另一群怕熱、喜歡吃冰消暑的消
費者。一冷一熱的搭配，讓夫婦二人從早到晚忙碌得不得了，生意
興隆到用「高朋滿座」來形容也不為過。

如果付出與回收真能成正比，那麼再怎麼辛苦也都值得，但是
忙了一陣子之後，王氏夫婦發現，表面上每月營收很高沒錯，但是
扣除掉人事管銷，以及其他開支，即使忙得昏天暗地，賺得也很
少！兩人於是決定收掉準備麻煩、清洗困難的小吃攤。在朋友的建
議下，他們發現了另一條可行之道——「美式鬆餅」！

印第安美式鬆餅

經營狀況

▓▓ 命名 ▓▓▓▓▓▓

跳脫加盟，自己創業，連命名都別具巧思。

在朋友的建議下，王氏夫婦開始嘗試販賣美式鬆餅的生意。原本和另一家店面採取加盟的形式，由別人提供相關設備以及原料，不過一陣子之後，他們發現對方提供的材料在品質上還有很大的改善空間，製作方法也不見得能夠突顯鬆餅的特色。

基於從事餐飲多年來的專業判斷，老闆決定終止與對方的關係，自己另立門號，以「印地安美式鬆餅」為名，彰顯鬆餅屬於輕鬆悠閒的美式風格。雖然鬆餅當初是從歐洲傳到美國，與印地安人並沒有直接的關連，但是由於印地安人強烈鮮明的形象，讓人很快的瞭解：「喔！這裡的鬆餅原來是美國口味。」在漢堡、薯條、可樂之外，「印地安美式鬆餅」提供了另外一個美式速食的選擇。

▓▓ 租金 ▓▓▓▓▓▓

位在黃金地段，租金卻不高，老闆娘歸功於神明保佑。

公館商圈為台北市的精華地帶，任何一個小小的攤位租金都所費不貲，甚至許多人排隊都還排不到理想的攤位，像是「印地安美式鬆餅」這樣面對東南亞戲院又是夜市入口的店面，想必樓高三層的店租一定相當可觀吧！老闆娘笑笑的說：「我很幸運，遇到不錯的房東。」她神秘的表示：「我這裡的

一樓店面，將冰櫃等設備整齊地排開，讓視覺通透無礙，讓人一眼就可以看清楚裡面賣的是什麼小吃。

租金一個月不到四萬元」。不過老
闆娘並不願意繼續透露，究竟是什
麼原因，讓她能夠以如此便宜的租
金租到黃金店面。對於這一切，她
只歡喜的歸因於神明保佑。

　　根據觀察，附近僅佔一、兩坪
的店面租金就可能高達每個月三萬
到四萬元，更別說兩層樓以上的店
面，每個月更甚至要八萬元到十五
萬元！雖然該地客源眾多，對業者
來說，每個月一定可以達到水準以
上的收入；不過站在老闆的角度，
能夠多節省些開銷，就算是賺到
了。像是「印地安美式鬆餅」低廉
的租金，讓老闆與老闆娘在打拼事
業的時候，能夠更加全心全意。

■■ 硬 體 設 備 ■■

自己畫藍圖訂做鬆餅
機，造福加盟者。

　　對於坪數不大的店面
來說，如何善加運用
空間，不讓客人感到
壓迫感，就成了業者
必須立刻解決的問題。

位在公館商圈的必經之
路上，不愁沒有人潮。

　　「印地安美式鬆餅」位在公
館商圈汀洲路上，斜對面正好是
東南亞戲院；再往裡面走，則是
一攤又一攤的公館夜市。當初選
擇這裡開店，也是基於諸多的因
緣巧合。老闆娘李慶鐘表示，目
前的店面，早在許多年前就由朋
友的介紹而承租下來，三層的樓
房，只有一樓當作店面，二樓以
上都是擺設製作食物所需的設備
以及囤積原料的倉庫。

　　在經營小吃攤期間，一度有
朋友希望能接手現有的店面，從
事其他生意，但是最後卻因為僅
五坪的面積不敷使用而放棄，所
以王氏夫婦在目前的攤位其實已
經有五、六年的使用時間。或許
是因為上天注定，讓他們在面臨
多次轉型之後，卻依然留
在原地，繼續服務客
人。對於這一
切，老闆娘不斷
強調，受到客人
的肯定，感到內
心十分歡喜。

印第安美式鬆餅

美味的鬆餅，看了是不是也讓你食指大動啊?!

「印地安美式鬆餅」店面儘管只有五坪左右，但是老闆與老闆娘將不必要的硬體設備搬往二樓，所以店面看起來還算充裕。

王氏夫婦依照實際操作的心得，親自畫圖，向工廠訂做了一百個鬆餅機，每一個定價高達1萬元。

至於一樓的店面，則將冰櫃等設備整齊地依序排開，造成寬敞的視覺效果，讓人一眼就可以看清楚裡面賣的是什麼小吃。這對餐飲業來說是一項相當重要的條件，試想，如果店面盡是一味的神秘，有那個客人敢上前消費呢？

至於二樓以上，則是「印地安美式鬆餅」的生產區，所有的食物材料，包括冰飲、製作鬆餅所需的麵漿等，都是在這裡完成的。通常夫婦二人各司其職，顧店的工作由老闆娘負責，而製作原料的粗活就由老闆負責。

特別值得一提的便是「印地安美式鬆餅」的鬆餅機。這種類似平底煎鍋的器具，是由王氏夫婦研發而成的，他們有鑑於市面上一般的鬆餅機做出來的鬆餅，不僅不漂亮，而且操作上也有不便利的地方，例如把手、溫度調整等，都有相當的改善。於是乎，王氏夫婦依照實際操作的心得，親自起草畫了藍圖，向工廠訂做了一百個鬆餅機，每一個定價高達一萬元。以後只要有加盟主進駐，王氏夫婦便能在第一時間內提供加盟主所需的鬆餅機！

剛出爐的鬆餅，不只香味四溢，料多味美的賣相更是一級棒，讓路過的人都忍不住停下腳步買一份解饞。

■■ 食 材 ■■■■■■

食材的新鮮與產品的健康,是老闆娘的堅持。

「印地安美式鬆餅」的食材都強調新鮮、健康。店內兩大主力食品——鬆餅與果汁的材料來源,有一部份是來自王氏夫婦從賣土魠魚羹時代就認識的材料商,因為長久合作下來,彼此已經建立深厚的信任,對於材料的品質也有共識,因而很放心的交給材料商代為處理,而材料商也不負所託,專門挑選不錯的食材賣給「印地安美式鬆餅」。

老闆娘從紙箱中拿起一個品相頗佳的木瓜,她一臉驕傲的表示:「許多冰果店為了節省成本,使用的木瓜品質大有問題,可能都已經熟到快爛了。不過我們用的都是品質相當不錯的紅木木瓜!」紅木木瓜以肉質細嫩、甜度頗高著稱。仔細觀看,果然,老闆娘手上的木瓜沒有任何瑕疵。

另外,如何挑選鬆餅會用到的配料,老闆娘也有滿腹的經驗談。以鮪魚醬為例,她一定會將市面上所有的品牌通通嚐過之後,再決定使用哪種比較好。她的心得是:「並不是廣告作得大的就比較好!重點在於親自嚐過覺得好吃,那才是真的好。」

■■ 成 本 控 制 ■■■■

食材保存期限長,也不易隨著物價波動,成本控制較容易。

如同先前所述,「印地安美式鬆餅」的大部分材料,都是委託合作已久的材料商幫忙批貨,所有的

藍莓鬆餅上的藍莓,不僅方便取得,保存也很容易。

定價都在物價波動的合理範圍內，材料商也會給予適當的折扣。除了製作鬆餅所需要的部分蔬菜外，其他像鮪魚醬、果醬以及麵粉等等，不僅保存期限較長，幾乎不會產生浪費的情形，而且價格也不易隨著市場因素改變，因此在成本控制方面就比較容易。

唯一需要注意的部分在於木瓜、西瓜等的新鮮水果，因為果汁受到天氣、客人口味等因素的影響，如果購買回來的水果無法在有效期間內處理完畢，勢必造成龐大的浪費。所幸累積多年經驗的王氏夫婦對於食物進出的控制已經拿捏妥當，他們會針對實際賣出情形，調整進貨的速度以及數量。

■■口味特色■■

配料可依個人喜歡而有不同，千變萬化的味道抓住現代人的胃口。

看似簡單的奶油鬆餅，吃起來卻有另一番風味。

大家印象中的鬆餅可能都是塗抹上楓糖、蜂蜜或果醬等甜度較高的醬料食用，不過「印地安美式鬆餅」為了帶給消費者不一樣的感受，在甜的口味方面，增加了花生、草莓、葡萄、紅豆、巧克力以及椰香奶酥、葡萄奶酥等眾多不同的口味。至於鹹的口味方面，則增加了培根、乳酪蛋、叉燒洋蔥、生菜沙拉等近十種選擇。當然客人也可以挑戰複合式的吃法，喜歡綜合的口味，就自己決定配料，每多加一種口味，甜的價錢為五元，鹹的為十元。

至於這些配料並不是塞在鬆餅當中，而是另外塗抹在鬆餅餅皮上面。關於鬆餅的製作方法與口味，老闆與老闆娘除了自己研發之

外，還曾經向大飯店的大廚請教。有客人向兩人表示：「這裡的鬆餅比希爾頓飯店的還要好吃！」他們當然很高興受到肯定，並且表示：「因為產品都是自己研發的，對於其中困難的過程有很深的體會，受肯定覺得很歡喜！」

■■ 未來計畫 ■■■■

只要有創意，老闆邀大家一起為鬆餅事業打拼。

「印地安美式鬆餅」在嘉義、淡水、永和、新店都有加盟店，事實上老闆夫婦對於推展加盟可謂不遺餘力，他們在菜單上面都印載了加盟的訊息！他們希望能夠將自己多年來累積下來的經驗，傳授給需要的店家，大家一起為事業打拼。而他們對加盟主的限制也不多，給予對方相當的自由。不論材料的選取上還是口味的研發上，只要能夠找出比本店更好的方法，一概歡迎改變，唯一堅持的

剛出爐香噴噴、料好實在的水果類鬆餅。

客層調查

熱騰騰的鬆餅可以搭配冷飲邊走邊吃，是學生的最愛。

公館商圈屬於學生族群較多的地區，包括台大以及鄰近的政大、師大、世新與許多專科學院、中等學校，都以公館為樞紐。而交通幹線也配合此一情形，公館既是公車轉運點，也是捷運要站，每天來往於公館的人口相當可觀。當然有人氣便有財氣，在這塊區域只要有家店面，幾乎就是發財的保證！

「印地安美式鬆餅」就是在這樣的優勢下，長久以來生意一直不錯，加上與台北市南區數一數二的首輪戲院——東南亞戲院比鄰而居，更是不愁沒有絡繹不絕的人潮。

該地逛街人口眾多，移動性較快，而且鬆餅既可以搭配冷飲，也不妨合併熱食一起食用，所以「印地安美式鬆餅」採取通通外帶的方式，方便消費者將熱騰騰的鬆餅帶到其他攤位一起享用！這些行銷策略都是老闆與老闆娘針對商圈特性所研發出來的。

印第安美式鬆餅

19

部分只有製作鬆餅的麵漿需從本店進貨。

對於分店的開設，已經列爲王氏夫婦的重點工作，如同先前所述，只要確定加盟，不需權利金，倉庫裡面訂做好的一百台鬆餅機立刻派上用場，效率百分百！所有的原料都會宅配到府，加盟主馬上就可以開張。

創業數據一覽表

項　　　目	說　　　明	備　　　註
創業年數	10年(包括賣台灣小吃時期)	賣鬆餅的時間為2年
坪數	5坪	此為一樓店面坪數，實際承租共達三層樓
租金	4萬元	
人手數目	4人	包括老闆夫婦二人，其餘人為時薪制工讀生，人事成本一個月6萬元
平均每日來客數目	100人	
平均每月進貨成本	5萬元	
平均每月營業額	30萬元	
平均每月淨利	15萬元	

成功有撇步

　　加盟已經成爲創業者踏入陌生領域的不二法門，「印地安美式鬆餅」老闆娘李慶鐘認爲，愼選加盟的店家，是爲加盟主必須好好研究的功課，並不是付出權利金之後，就可以坐享其成。因爲根據調查，就算有加盟店家的光環籠罩，依舊有小部分的加盟主慘遭失敗，綜合諸多原因，還是要歸咎於加盟主不用心經營！因此她特別呼籲，就算是簡單的工作，也要把它當成自己的事業認眞經營。

鮪魚鬆餅

作法大公開

★材料說明

以下材料為一份鮪魚鬆餅所需份量。

鮪魚鬆餅的原料大多來自現成的罐頭，方便店員作業，不至於在準備原料的時候浪費太多時間。

項　目	所需份量	價　格
低筋麵粉	100公克	1公斤15元
泡打粉(發粉)	5公克	1罐100公克50元
鮪魚醬	50公克	5公斤裝120元
沙拉醬	10公克	1條20元
蔬菜	適量	1公斤15元

製作鬆餅的材料很簡單，幾乎不必花什麼時間準備，因為果醬、肉鬆、生菜、玉米火腿等都是現成的，需要處理的步驟不多。

★製作方式

1 前製處理

　　製作鬆餅其實很簡單，只要把麵漿的前製作業做好，其他添加上去的配料皆為現成現貨，不需要耗費太多的心力。「印地安美式鬆餅」的老闆表示，麵漿為製作鬆餅最重要的原料，店內的麵漿都是自己研發出來的，基本材料包括：鬆餅粉、麵粉、砂糖、油、馬其林油、雞蛋等，依照獨家秘方的比例調製，所以口感絕對與別家不同！

　　雖然老闆不願透露製作麵漿的秘方，但根據專家建議，麵漿的製作方式如下：

(1) 將低筋麵粉1杯、泡打粉1小匙、鹽四分之一小匙、細砂糖二分之一大匙過篩二次。

(2) 將蛋黃2個打成發泡淡黃色後，加入四大匙已融化的奶油及四分之三杯牛奶一起打勻。

(3) 將(2)倒入(1) 內，輕輕拌勻。注意，勿攪拌過度，否則會生出麵筋。

(4) 將兩個蛋白打至蛋白糊倒立時會略微彎曲，但不會流下來。

(5) 輕輕拌入(3)，但同樣勿攪拌過度。這時麵漿就完成了。

看似簡單的鬆餅，吃起來確有另一番風味。

印第安美式鬆餅

2 製作步驟

1 把適量的麵漿倒入鬆餅機內。

2 大約3分鐘之後，鬆餅烤熟。

3 在鬆餅上塗抹適量的美乃滋與蕃茄醬。

4 將鮪魚醬均勻的
舖在鬆餅上面。

5 加入蔬菜,並且
將鬆餅對摺,切
成適合食用的大
小。

6 完成好吃的鬆
餅,建議搭配飲
料一起食用。

獨家祕方

　　除了以特殊的麵漿奠定美味的基礎
之外,本店的另一個小秘方在於鬆餅出爐
之後,還要拿著夾子用力甩個幾下,老闆
解釋,這是因為鬆餅出爐時有多餘的水
氣,如果不處理掉,放在包裝紙之後容易
潮濕,鬆餅也就不好吃了!

電器行都有販賣簡單的鬆餅機,而一般的商店也有鬆餅粉,基本上來說鬆餅是一項相當大眾化而且製作簡單的小點心。只要以麵粉、鬆餅粉、雞蛋等原料和水調和之後,放置在鬆餅機當中,不用多久便能品嚐到熱騰騰的鬆餅了。

此外,利用不沾鍋的平底鍋同樣,將麵漿加熱至發泡後翻面再煎一下,也可以完成美味可口的鬆餅。

Jamie(33歲,餐飲業)、旻旻(8歲)

到公館的時候,一定會來「印地安美式鬆餅」買一份鬆餅,不論看電影還是逛街,雖然份量十足,但是美味可口,我和我女兒都很喜歡!

兩種鬆餅,相同美味

鬆餅分兩種,一種圓圓薄薄像盤子的是 pancake;而厚實格子狀的是雞蛋餅 waffel。通常waffle 會比pancake大一點,而且上面是一格一格的。不過因應現代人健康需求,也有迷你尺寸的waffle。在歐洲,一般人說的圓薄鬆餅 pancake,統稱為荷蘭鬆餅,口味甜鹹的都有。

waffel的味道跟 pancake 味道差不多,吃的方式會比較單純,像是灑上薄薄一層糖霜、淋上糖漿或抹上蜂蜜、鮮奶油。可以切成一小塊一小塊吃,也可以隨性大口咬,是簡單又實惠的早餐之一。

而相較之下,pancake就比較多樣了,除上述的方法之外,也可以選擇放些鮮奶油、塗上各種口味的果醬,甚至可以鋪上新鮮水果,不只賣相佳,吃起來也有健康概念,這些都是美味的選擇。另外也可與冰淇淋搭配著吃,那種又滑又脆、一冷一熱的搭配方式,博得了許多人的喜愛。

比薩王

熱情有勁的義大利美食
以店面或攤車提供道地料理
麵條比薩樣樣美味
選擇性多，全家皆宜

比薩王

可愛的PIZZA寶寶，讓你一眼就找到PIZZA KING的所在。

用「女中豪傑」來形容劉秀美，一點都不爲過。四十歲的她，在職場上闖蕩多年，練就一身洞悉市場的好功夫，朋友對她的印象不外乎是精明幹練、經營有道。不過平時劉秀美展現出來的，依然是女性獨有的溫柔婉約，絲毫沒有咄咄逼人的強勢。這也是她在面對目前市面上幾家比薩集團競爭壓力時，所運用的另一種經營策略。

劉秀美將連鎖店無法克服的問題，例如買大送大份量過多，往往讓客人吃不完；以及耗費太多時間在餅皮的製作、價位過高等缺點一一化解，形成「比薩王Pizza King」的優勢。這樣的作法，讓「比薩王Pizza King」找出一條屬於自己的路，更進一步證明劉秀美的眼光獨到。基於如此傲人的成績，旗下三十多位加盟主，更是放心選擇「比薩王Pizza King」做爲他們創業的第一選擇。

✌ 義大利 ■ ■

ⓘ 加盟店

⌂ 台北縣永和市中和路399號(總店)

✆ (02)8923-3899

⊘ 11:00～23：00

💲 視加盟類型而定，分為25萬以下，以及60萬至100萬兩種

$ 平日1萬5至2萬元左右，假日2萬5千至3萬3千元左右

永貞路　中　永貞路
　　　　和
永貞路　路　　●捷運永安市場站
好萊塢電影院 ●
比薩王 📍
　　　　宜安路
中和路　　景安路

心路歷程

「比薩王加盟方式有許多種，歡迎大家加入比薩的行列。」

老闆‧劉秀美

結婚之前，劉秀美原本在廣告公司任職。擔任廣告AE的她，因為工作需要，經常接觸不同的人物，在這樣的環境中，訓練了她主動與人溝通，以及侃侃而談的能力，劉秀美表示正是因為這一段時間的磨練，讓她往後創業的時候，更能夠積極的面對困難。

但是結婚之後，劉秀美的先生卻不希望她繼續工作。而這時，剛好有一位經營比薩店的朋友邀請他們入股，經過一番積極爭取，劉秀美的先生終於禁不起她的懇求而答應讓她開創屬於自己的事業。於是，劉秀美把握住了這個機會，踏上了成功的舞台。

發揮在廣告公司的長才，劉秀美在創新求變方面非常拿手。有鑑於市場上已經有強勢的競爭者，若要硬拼，只是徒增損傷。因此劉秀美改採小包圍的策略，針對大型連鎖店無法克服的問題，尋求改善之道。

同時劉秀美注意到超級市場這塊大餅，在與創業伙伴共同集思廣益之下，一九九九年，劉秀美的安珈食品公司首先推出純手工製作的七吋冷凍比薩，在全省一千三百多家超級市場以及量販店銷售。目前「比薩王Pizza King」已吸引許多加盟主，在劉秀美的操盤運作下，「比薩王Pizza King」找到屬於自己的一片天。

經營狀況

■■ 命 名 ■■■■■■

期望成爲本土PIZZA的第一名。

夏威夷比薩,一人份量剛剛好,不必買太淨大,吃不完還浪費了,「比薩王Pizza King」一共提供十二種口味的比薩。

「比薩王Pizza King」自一九九六年創立以來,至今將近八個年頭,目前旗下加盟主,更是突破三十家大關。但是外人絕對無法想像,劉秀美將「比薩王Pizza King」一手撐起的過程有多麼艱難。

爲了在激烈的市場上佔有一席之地,劉秀美決定第一步就必須把自己的名號叫響。劉秀美與創業伙伴決定,既然要做,就要做得最好,希望將自己的品牌定位爲本土比薩的第一名,基於一股強大的信心與毅力,於是「King(國王)」這樣的字眼就浮上心頭。

劉秀美在設計企業形象標誌的時候,特別要求設計師將商標活潑化,藍色、綠色、紅色相間的商標字體於焉產生,旁邊搭配上一塊微笑的比薩寶寶,整體的識別標誌非常搶眼,讓消費者過目不忘。

■■ 地 點 選 擇 ■■■■■■

A級旗艦店和B級標準店讓加盟主自由選擇。

「比薩王Pizza King」的加盟店分爲A級旗艦店、B級標準店兩類型。A級店坪數大約在十五坪以上,創業準備金在六十萬到一百萬之間,屬於速食店結合餐廳的經營模式。在地點的選擇上,著重於

學校附近，或者生活機能較強的市區。以位在永和的旗艦店來說，劉秀美選擇店址座落於中和路上，鄰近不遠處有一家知名的KTV，附近也有學校。更重要的是，中和路附近商家林立，交通繁忙，非常容易吸引客群。

另一方面，B級的「Pizza讚」，加盟金只需要二十五萬左右，坪數限制不大，介於一坪與五坪之間，頂多只需要一台小餐車的生財工具，相當適合在各大夜市開業，或者是不想花太多預算裝潢的加盟主。為了善盡加盟總部的義務，劉秀美實地幫助每一家加盟主選擇地點，包括加盟主對租金的負擔能力、周圍商圈考察等都是納入評估的範圍。

■■ 租金 ■■■■■

減少租金能提升競爭力。

劉秀美將中和路上的旗艦店當作加盟主參觀的模範，上下兩層樓的店面，月租金為六萬元，較台北市同等級的店面便宜不少，這

乾淨、清潔是每一家店所必備的環境，才能吸引顧客上門。

也是劉秀美當初選擇開店地點的考量。因為在必勝客以及達美樂強大競爭壓力下，如果不尋求節省開銷的方法，勢必更加削弱自己的戰力。

劉秀美表示，當加盟主表達加盟的意願後，她會評估加盟主對於租金負擔的接受程度。「比薩王Pizza King」提供的創業機會只要頂多二十多萬的準備金，其中包括了加盟金、權利金、保證金，還有其他生財工具的準備。雖然相較其他加盟業者的負擔輕上許多，不過劉秀美認為租金比例過大將影響獲利，所以「比薩王Pizza King」的餐車在騎樓下、夜市中都可以開設，租金的壓力將減輕不少；如果加盟主行有餘力，再找個五坪以上的店面，劉秀美都會提供必要的協助。

■■ 硬 體 設 備 ■■■■

一次可烤六個PIZZA的特殊摩天輪烤箱，節省顧客等候時間。

不論A級旗艦店或者B級標準店，其生財器具設備都包含在整體的創業準備金當中，完全由總部提供。以A級旗艦店來說，生財器具大約價值二十三萬元，包括大餐廳才會使用的自動輸送帶烤箱、旋風烤箱、防爆油炸爐、烤盤、木製吧台、燈箱、工作服，以及其他餐飲用具和宣傳傳單。

B級標準店受限於餐車大小，生財器具大約價值十五萬八千元，除了上述基本的餐飲用具以及宣傳

大餐廳才會使用的自動輸送帶烤箱，是比薩王投資的重點器材。

傳單，尚包括專業烤箱、小烤箱、防爆油炸爐、輪刀、造型車台、工作服等。劉秀美強調，所有器材使用與食材的作法，在加盟主正式營業之前，總部都會進行為期七天的教育課程，目前三十多位的加盟主在操作器具上，都非常的順利。

由於B級的「Pizza讚」是採開放式廚房，所以在食物的製作烘烤上，一定要夠炫，才能經由視覺引起消費者興趣。「PIZZA KING」除了致力於產品與口味的創新外，更是獨家開發「摩天輪烤箱」，不僅美觀，消費者更可以在等待的同時，欣賞到起司融化的樣子，也可聞到烘烤PIZZA所產生的香味，嗅覺與視覺雙管齊下，更可引起顧客購買慾。每個比薩烘烤由生至熟耗時約四分鐘左右，摩天輪一次可放六個比薩，平均每個約花費四十秒鐘，充分節省顧客等待的時間。

■■食材■■■■■■

麵皮是PIZZA決勝關鍵之一，最好的食材也讓客戶津津樂道。

「比薩王Pizza King」的主力產品──義大利麵，精選由義大利進口的「Buono」品牌。在義大利文中，「Buono」代表「Excellent」極棒的意思，這個廠牌的產品也的確具有煮後Q度高、不易斷裂等特色。劉秀美表示，雖然「比薩王」走的是平價

把麵包直接放在義大利麵裡面才是最正統的義大利吃法，因為這可以方便食用的人將湯汁直接吸入麵包內。

比薩王

作業標準化，提升顧客外帶比率及單客消費金額。

為了區隔大型連鎖店的客源，B級標準店「Pizza讚」推出五吋和六吋的一人比薩，定價最便宜的只有五十五元。另一方面，A級旗艦店的商業午餐，任選一份主餐，副餐則有濃湯、蔬果沙拉以及飲料，通通只要八十八元。根據劉秀美的統計，「Pizza讚」一個月的營業毛利約有五成到六成之間，A級旗艦店的毛利也不相上下。

為了增加來店客數，劉秀美要求作業標準化，每個餐點的出餐時間務必迅速，期望藉由外帶比率的提升，提高平均單客消費金額，帶動整體業績。「薄利多銷是『比薩王Pizza King』控制成本的最佳方法！」，劉秀美表示。

至於食材的成本，劉秀美也替加盟主考量進去，由於加盟體系最大的優點就在於集體採購、大宗購買，可以降低許多成本。總部以合理的價格採買原料之後，再統一宅配到各加盟主手上，節省許多不必要的開銷。

路線，但是食物材料都必須用第一名、最好的。

劉秀美的堅持，不僅僅在義大利麵的選材上可以看的出來，最為人津津樂道的，非「比薩王Pizza King」的餅皮莫屬。

當初劉秀美認為，「比薩王Pizza King」要異軍突起，一定要有不一樣的賣點。喜歡動腦袋的她發現，各家比薩的製作方式，都是先從餅皮的製作開始，然後再搭配不同口味的材料，最後將成品交到客人手上。但是不同的店面、不同的師父，就可能做出不一樣的餅皮，這對餅皮就是生命的比薩來說，品質不容易維持就是最大的致命傷。所以劉秀美決定把所有分店需要的餅皮集中在同一個工廠，由同樣的師父製作，再分送到

焗烤海鮮飯是最為大家熟知的義大利料理，經常可以在各式的義大利餐廳品嚐得到。

各個店面進行加味、加料處理。如此一來，餅皮的品質維持一定，每家分店做出來的比薩皮都一樣的具有嚼勁十足的特色。

■■口味特色■■■■

道地PIZZA與義大利麵，讓顧客吃了還想再吃。

以A級旗艦店來說，「比薩王Pizza King」推出的產品大約有五十項之多，涵蓋比薩、義大利麵、起司焗烤飯(麵)、潛艇堡、點心、飲品六大主題。劉秀美把A級旗艦店定位在餐廳與速食店之間，她結合餐廳對餐飲品質的堅持，以及速食店出餐的速度，讓嚐過「比薩王Pizza King」料理的客人都忍不住稱讚。而B級店受限於餐車的大小，只能提供簡單的比薩以及義大利麵。

劉秀美強調，即使「比薩王Pizza King」在人手與規模上屬於中小型，但是比薩的口味一樣都不能少。她指著菜單一一細數：「我們的比薩有海鮮至尊、日式章魚燒、北京烤鴨、麻婆豆腐、夏威夷、速食等十二種。」

掛在牆上的精美海報，把比薩的滋味活現的突顯出來，讓人不禁食指大動。

口味數量達到一定規模後，劉秀美進一步要求作法道地。「比薩王Pizza King」的義大利麵上直接放了兩塊麵包，一般客人不免好奇，麵包通常不都是另外附上的嗎，為什麼「比薩王Pizza King」的麵包直接放在麵裡面？劉秀美笑著說，這才是最正統的義大利吃法，方便食用的人將湯汁直接吸入麵包內。

■■ 客層調查 ■■■

快速、簡單、份量夠，成為家庭主婦、上班族及學生的最愛

　　劉秀美認為，比薩這種可以帶了就走的食物，適合將店面開設在住商混合的區域，一方面方便不想開伙的家庭主婦外帶，

牆上的掛圖，具有資訊性，清楚的向客人介紹義大利美食的特色。

更提供機動性較強的上班族與學生對零食甚至正餐的要求。基於這樣的出發點，「比薩王Pizza King」推出五吋及六吋比薩，單價低、份量不大，一個人吃剛剛好。事實證明，許多趕時間的上課、上班的老師、學生，還有上班族都在「比薩王Pizza King」解決民生大計。

■■ 未來計畫 ■■■■

扎根台灣，放眼大陸。

　　於台灣穩定紮根之後，「比薩王Pizza King」開始計畫進軍大陸，在深入大陸評估長達三年時間，正式在二○○一年展開中國大陸的業務。同年的十二月二十五日，在東莞附城家樂福商場一樓開幕。據到過該店的客人指出：「比薩、義大利麵，對大部分中國內地人民而言，仍是陌生而新鮮的。它代表美味、進步、與生活水平的提升。」對於西進大陸，「比薩王Pizza King」在未來的計畫中，準備結合中國人對於餐飲業的想法、西式的管理技術，進軍全中國大陸。

創業數據一覽表

(以下為比薩王中和旗艦店的開業數據)

項　　目	說　　明	備　　註
創業年數	6年	
坪數	40坪	
租金	10萬元	兩層樓店面
人手數目	4至8人	視離、尖峰時段人手可靈活度，人事成本一個月約10萬
平均每日來客數目	100人	每人平均消費約200元
平均每月進貨成本	15萬元	
平均每月營業額	70萬元	
平均每月淨利	35萬元	

成功有撇步

整齊清潔的櫃臺，讓客人有良好的印象，這也是一家值得顧客信賴的餐廳一定要做到的基本要求。

　　目前比薩王在全省已經有三十多位的加盟主，劉秀美清楚的告訴每一位有興趣加入比薩王經營陣容的朋友，比薩王的特色在於：第一，高級餐點，平價消費，商品力以及集客力強。第二，中央廚房做好大部分的前製作業，店內作業簡單，生手也可以立即上線。第三，外帶為主，營運管銷低。第四，定期開發新產品。在劉秀美妥善的規劃下，她相信比薩王將為總部與加盟主帶來雙贏的局面。

★★★★★比薩王Pizza King加盟條件一覽表★★★★★

加　盟　店　名	比薩王Pizza King	Pizza讚
形式	店面經營	攤車經營
創業準備金	60萬至100萬元左右	25萬元左右
營業店面坪數	15坪以上	1坪以上至5坪
加盟金	3至5萬元	2萬元
權利金	3至5萬元	2萬元
生財器具裝備	23萬元	15萬8千元
拆帳方式	利潤全歸加盟者獨享	
招牌	3至5萬元	無（包含在生財器具裝備內）
履約保證金	現金3萬元 (加盟契約終止可退回)	現金2萬元 (加盟契約終止可退回)
其他費用	店面租金、押金、裝潢等	
加盟電話	(02)32343201	

辣味蕃茄蛤蠣義大利麵

作法大公開

★材料說明

　　這裡示範的是辣味蕃茄蛤蜊義大利麵，它的作法簡單，就算沒有下過廚房的生手也可以在短時間之內學會。

　　義大利麵首重醬料，在製作之前，先將馬瑞拿拉醬(食品材料行可以買的到)，與一顆新鮮蕃茄攪拌綜合在一起。另一種佐味用的大蒜橄欖油，同樣使用打成泥的新鮮大蒜(約三粒)與八十公克橄欖油綜合，等到麵條將熟的時候倒入。

項　目	所需份量	價　格	備　註
蛤蜊	數顆	1公斤75元	
九層塔	約50公克	1公斤35元	
洋蔥	少許	1公斤18元	
義大利麵	180公克	1包約80元	事先以開水煮熟

★製作方式

1 前製處理

先將上述蕃茄馬瑞拿拉醬與大蒜橄欖油調製好，以便烹
飪的時候能夠直接添加進去。這道料理不需要太多的調味
料，讓醬汁的精華充分發揮即可。

此外，煮義大利麵也需要技巧。待水燒開後灑一點鹽在
水中，再把義大利麵放入滾水中，如此麵才會有鹹味。並且
偶爾要用筷子撥動，以免麵條黏成一團。一般常用的長條狀
義大利麵SPAGHTTI，大約煮七分半至八分鐘即可撈起，並
略沖一下冷水，讓麵條在一熱一冷的溫度落差中更具Q度。

義大利美食小常識

豪放自由的的義大利美食

開朗熱情的義大利人，在料理上充分彰顯其民族性，烹調方式也相當地豪
放自由，是令人難以抗拒的世界級美食。

國土狹長的義大利，在料理大致上分為北義及南義兩種。北義因鄰近中歐
瑞士等國，在酪農業發達影響下，廣泛應用了起司、火腿等食材；南義則因地
中海環繞，海鮮類成為主要食材。由於義大利地層多屬石灰岩，不利於農業，
所以大多倚靠橄欖、葡萄等經濟作物，而這也成為義大利菜主要素材來源。

份量多、口味重是義大利料理的最大特色，而新鮮的素材、豐富的調味更
是義大利料理引人之處。一般廚師習慣在上桌前再開始料理，以保持料理的鮮
美，在烹調上大量使用橄欖油、蕃茄、乳酪、大蒜、紅白酒醋及香料等，使菜
餚在色、香、味各方面都十足誘人。

另外，提到義大利美食，就不能不提到料理中使用率高達九成的橄欖油。
橄欖油因油質穩定，有易達高溫、不起油煙的特性，而橄欖的加工品及橄欖油
在義式料理中更具有有不可忽視的地位。

比薩王

2 製作步驟

1 熱鍋約一分鐘
後，倒入少許
橄欖油。

2 把洋蔥、九層塔
等配料添加進去
爆香，時間大約
30秒即可，以避
免炒焦。

3 接下來陸續把蛤
蜊、少許的辣椒
與雞高湯放進鍋
內，直到蛤蜊煮
熟打開。

4 等到上述步驟完成之後，再把煮熟的義大利麵條放進去，以小火慢炒兩分鐘，讓麵條充分吸收湯汁。要注意千萬不要熱炒太久，以防麵條乾掉、沾鍋。

5 裝盤的時候注意順序，讓整個盤飾看起來美觀。首先將麵條放在底層，並依順時鐘方向盤起，最後再把配料蛤蜊放在上面，灑上一些香料。

6 進行最後的修飾工作，放上大蒜麵包就大功告成了。

獨家祕方

由於義大利麵條的形狀不同，每種麵條都有自己不同的名字，也有不同的煮法。像是最常聽到的SPAGHTTI，便是義大利麵的一種，指的是長條圓體的麵條。

此外，名為ANGEL HAIR細麵適合佐以清淡口味的醬料，PENNA（形狀像尖筆形的義大利短麵）或MACARONI(呈管狀的義大利麵，通常稱為通心麵)即可以焗烤的料理方式或以橄欖油醬製作成麵沙拉。 而粗麵最好以濃郁的醬汁來調拌。

美　見證

阮瑞嬌(35歲，會計助理)

每天為三餐要吃什麼才好？實在傷透腦筋！有的時候辛辛苦苦做的飯菜，卻被先生小孩嫌得半死，我乾脆來比薩王點餐，選擇性多，口味也經常變化。現在我們乾脆請比薩王外送，省事多了。

在家DIY小技巧

劉秀美表示，製作義大利麵的材料非常普遍，一般人在家也可以自己動手做，而且大部分的人都能夠做出好吃的義大利麵。只要事先將義大利麵煮熟，時間大約7分半至8分鐘，並且把握住先把配料爆香、醬料隨後放入，以及最後再把麵條放進去一起炒的要訣。而且要注意，如果剛煮好的麵條不在3分鐘之內馬上熱炒食用的話，記得要先淋上一點點橄欖油稍微攪拌一下，以免麵條黏在一起。

此外，義大利麵的重點在於醬料，除了現成做好的罐頭醬料，如肉醬、蕃茄醬、起司粉等外，也可以自己研發，才能作出不一樣的口味喔！

阿里八八的廚房

空運香料風味純正
薄餅肉串老少皆宜
總店菜色道地多樣
夜市攤位小吃隨性

阿里八八的廚房

外國人來台灣奮鬥本來就不是一件簡單的事情。如果像阿里一樣，不僅事業有成，而且生活習慣幾乎跟台灣人沒什麼差別，還娶了台灣人當老婆的，更是肯定找不出來幾個。

相當有生意頭腦的阿里，講起生意可就滔滔不絕，從跨國性的貿易，一直到夜市的小生意，阿里可謂經營得有聲有色。尤其講到眉飛色舞的時候，他總是不忘補上兩粒檳榔，甚至夾雜幾句台語。幽默的個性，讓人不禁拍案叫絕。

在強調國際化的台灣，餐飲的選擇是越來越多元化，但是在這樣多異國風味的小吃中，想要能夠真正擄獲台灣人心與胃

繁忙士林夜市，集結許多中外小吃，「阿里八八的廚房」也是其中之一。

口，還是要靠真材實料，畢竟消費者的眼光是雪亮的。在阿里的身上，我們看到了他以一個外國人的身份，而能夠成功修改家鄉風味，轉變為符合台灣人的口味。在阿里詳加觀察台灣當地飲食習慣之後，配合堅持顧客為上的原則，而創造出來的新料理，其實不管是不是異國料理，「顧客為上」都是他做生意最基本的道理。

✌ 巴基斯坦、印度

ℹ 直營店，有夜市路邊攤與餐廳兩家店面

⌂ 士林夜市陽明戲院前面(本店在台北市南京東路2段56號2樓)

✆ (02)2567-7163

🕐 17:00~凌晨1:00

💲 7萬元(士林分店)

$ 1萬3千元至1萬5千元(士林分店)

中山北路

劍潭捷運站 ● 文

林

路

銀座廣場 ● 🍽️ 阿里巴巴的廚房

● 陽明戲院

✌ 美食來源地　ℹ 類型　⌂ 地址　✆ 電話　🕐 營業時間　💲 創業資金　$ 每日營業額

老闆‧阿里

心路歷程

　　來到台灣將近十個年頭的阿里，老家位在印度旁邊的巴基斯坦，當初因為在貿易公司服務，而被派駐在台灣。在這一段時間中，他接觸許多在地台灣人，慢慢的讓他對這塊原本陌生的土地，產生濃厚的感情。

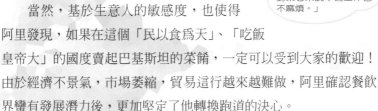

「在夜市做燒烤生意很適合，因為台灣人很喜歡燒烤類的食物，而且對業者來說準備工作也不麻煩。」

　　當然，基於生意人的敏感度，也使得阿里發現，如果在這個「民以食為天」、「吃飯皇帝大」的國度賣起巴基斯坦的菜餚，一定可以受到大家的歡迎！由於經濟不景氣，市場萎縮，貿易這行越來越難做，阿里確認餐飲界蠻有發展潛力後，更加堅定了他轉換跑道的決心。

　　阿里把他以前在巴基斯坦開過餐廳的經驗移植到台灣，一些經營上的know-how他都瞭若指掌，加上前幾年在台灣闖蕩累積下來的人脈，對他的新興事業助益良多。

　　由阿里所開的第一家專賣巴基斯坦與印度料理的小攤子，在寧夏夜市首次登場。而位於新疆的寧夏也是以回教居民居多，飲食習慣上與阿里的故鄉幾乎一樣。或許是這在地名上冥冥之中的巧合，讓阿里首次跨足餐飲業相當順利；台灣人對印度與巴基斯坦的料理接受度也確實頗高，這更證明阿里的眼光獨到。

　　現在，阿里分別在南京東路與士林夜市開了餐廳與路邊攤兩家店，一路走來，阿里也曾經歷過低潮，尤其是面臨轉型的衝擊，壓力之大，不是外人能夠瞭解的。但是阿里都能夠化險為夷，把餐廳經營得有聲有色，就像童話故事中那個聰明的阿里八八，不就成功的化解每一次的危機嗎？

阿里八八的廚房

蔬菜咖哩餃,這道菜就比較偏向印度風格,早年印度與巴基斯坦同屬一國,但是後來因為地理以及種族宗教等因素,巴基斯坦獨立建國,所以兩地的料理部分雷同。

經營狀況

■■命名■■■■

簡單明瞭、望文生義是餐廳取名的最好方法。

　　簡潔明瞭、望文生義,是餐廳取名最好的方法,「阿里八八的廚房」,正是非常典型的例子。「阿里八八」正好是阿里的本名,又是童話故事的主角,台灣人對這個名號,早就知之甚詳。

　　而實際掌管廚房業務的,也是遠從阿里巴基斯坦老家來的表哥等親戚,完全沒有讓台灣廚師烹飪巴基斯坦料理這樣掛羊頭賣狗肉的情形,消費者在「阿里八八的廚房」,絕對能夠吃到道地、正宗、色香、味美的印度與巴基斯坦料理!

　　在士林夜市的攤位,雖然受限於場地、環境,只能以傳統的路邊攤方式經營;但在南京東路的餐廳,阿里則是貼心的把餐廳裝潢、擺設都改得跟巴基斯坦風味一樣,包括大煙斗、民俗藝品等等,讓客人更有置身異國的臨場感。阿里開設餐廳的用心,從這些小地方便足以證明。

■■地點選擇■■■■■

人潮眾多,交通方便是開店的最佳選擇。

　　當初阿里選擇從寧夏夜市開始,便是看中夜市的人潮相當可觀,如果廣告打得好、品質獲得肯定,那麼很快就能夠帶來豐潤的收入。無疑的,事實證明阿里的眼光確實沒錯,在寧夏夜市的首戰之役大為成功之後,阿里存了點錢,同時積極物色更好的地點。因為在阿里的心中,光是夜市的攤子,還不足以讓他大展身手。

　　兩年前,阿里結束寧夏夜市的攤位,並且看中目前在南京東路

的店址，於是，「阿里八八的廚房」正式展開新的一頁。縱觀目前「阿里八八的廚房」所在位置，正好位在交通繁忙的南京東路上，以交通動線而言，不論上班或者下班都會經過這條要道。加上周遭商家林立，有便利超商、各式餐廳，商圈機能相當優越。不過「阿里八八的廚房」唯一的缺點是位於二樓，不如一樓商店曝光度高，所以加強廣告看板，就成了必要的工作。

從餐廳再度返回夜市可以說是阿里的另一項創舉。原本營收一直穩定的餐廳，卻在納莉風災之後江河日下，為了求生存，阿里想到一個絕妙的點子，「回到夜市去！讓夜市的人潮重新帶領買氣。」去年一個偶然的機會下，阿里的朋友向他透露士林夜市正在招商的訊息，他二話不說便決定把「阿里八八」的觸角重新延伸到夜市。

士林分店開幕至今，不僅生意旺的不得了；而且，阿里在士林夜市的攤位招牌上也寫上位在南京

租金

開店地點決定租金多寡，要控制在合理範圍內。

位於南京東路的「阿里八八的廚房」本店，一個月的租金為十二萬元，士林夜市分店租金一個月為三萬元。租金部分佔整體成本的比例尚在合理範圍，不至於讓沈重的租金壓力，拖垮資金調度。

以南京東路為例，嚴格來說，距離台北市租金最貴的東區已經有一段距離，加上餐廳位在二樓，不比一樓黃金店面，將近四十坪的店面，收取十二萬元的租金，算是符合市場行情。而士林夜市的分店位在文林路上，許多遊客都是從這條黃金要道進入夜市，一個月三萬元的租金，不必讓地主抽成，其實也打破一般人以為該地租為天價的錯誤觀念。

阿里八八的廚房

酸乳烤雞，所謂的酸乳就是中東地區的優酪乳，早在西方世界知道優酪乳具有養生功用之前，中東世界早就大行其道了。除了碳烤前被使用來醃漬肉類之外，它還是食用時的沾醬；通常作為沾醬時會加入切碎的馬鈴薯、小黃瓜、番茄及洋蔥，依個人喜好酌量加入蔬菜，再撒上胡椒調味即可。

器材都容易購得，唯一麻煩的是特殊烤爐要從印度訂購。

士林夜市分店的準備過程並沒有花費阿里太多時間與金錢，有了之前開設餐廳的經驗，阿里在籌備分店的時候十分上手。他親自前往材料行訂購餐車，只花了三萬五千元。放置食物的中型保溫箱，在一般賣場就能買到。而烹飪用的刀叉、碗盤，本店都有現成的器具，雖然小部分添購，但也沒有耗費太多金錢。

不過烤爐卻是唯一最麻煩的設備，這種類似北京烤鴨專用的爐子，是特製的泥造火爐，可以讓桿好的麵皮貼在爐子上直接烤熟。不過台灣沒有販賣這樣的設備，阿里只好遠從印度訂做了一個，經由海運，花了兩三個月才送來台灣，一個烤爐定價一萬五千元，但由於是必要的生財器具，省略不得。

香雞飯，一樣有著濃濃的咖哩味，看似簡單，味道十足。

東路本店的地址，並藉由散發傳單，順便主打本店內更為豐富的餐飲，以吸引士林夜市的客人也前去消費。阿里表示：「現在餐廳不好做，所以要多動腦筋！」阿里想出來的這個辦法，居然每個月替本店多提升了二十到三十萬元的業績。

■■ 食 材 ■■■■■

家鄉運來的道地香料，是特殊風味不可少的味道。

印度、巴基斯坦人做菜喜歡大量使用香料，像是咖哩、肉桂、阿魏樹、荳蔻、鬱金、香菜子、羅望子、丁香等，都是使用大宗，其中用得最普遍的就是咖哩，當地人稱之為garam masala。咖哩其實為多單品香料組合而成，主要香料一定有胡荽粉、辣椒粉，小茴香粉，鬱金香粉，肉桂片，豆蔻，丁香及胡椒粒等，作為基本調味，再做其他風味的延伸變化。而且，用來煮菜燉肉樣樣行。各家名稱或許一樣，不過，做出來的

口味卻是人人有別。

其實加入WTO之後，來自世界各國的商品都可以在台灣買到，但是來自巴基斯坦的阿里還是認為，台灣賣的香料種類也不少，只是口味卻是不如老家的好。阿里每個月都會委託親戚從巴基斯坦寄送香料來台，再把原料研磨成為特殊風味的咖

串燒碎羊肉，將羊肉絞碎，再捏成條狀，這樣的羊肉串品嚐起來別有一番滋味。

哩粉。單單從成本角度考量，這種作法稍嫌不划算，但是為了維持菜餚的品質，阿里依然堅持必須使用從國外運來的香料。

「阿里八八的廚房」使用量最大的肉類首推牛肉，阿里表示，餐廳的牛肉都是選用從澳洲進口；符合回教徒要求的「HALAL」，也就是屠宰過程中，以可蘭經加持過的肉類，價格上比本土牛肉便宜。至於雞肉部分，則是台灣正宗的肉雞，品質相當不錯。

其他生鮮類的食材，如蔬菜、青椒等等，阿里依然親自到傳統市場選購。在他從事餐飲多年的經驗中發現，請批發商批貨的品質不一定優良，阿里表示：「還是自己去買，看到東西才比較安心，不然廠商進的貨物假使品質不好，那可會影響我們招牌的。」

■■ 成 本 控 制 ■■■■■■

薄利多銷，以數量帶動收入，營業額一樣可觀。

「阿里八八的廚房」士林分店賣的食物種類簡單，以肉串與薄餅兩大類為主，價格訂在八十元到一百元之間，也就是一串大約有五、六塊肉的燒烤，加上一張薄餅，配上特製的優格醬，只要頂多一百元就能夠享受得到。令人驚訝的是，八十元的肉串，肉塊居然出乎意料的大，加上青椒、洋蔥等配料，份量幾乎等於一頓正餐。

阿里八八的廚房

讓人不禁懷疑，那麼豐盛的原料，阿里恐怕賺頭有限吧！

這樣的顧慮只能說對了一半，聰明的阿里以數量帶動收入，光是一個晚上就可以賣出將近兩百到三百串肉串，薄利多銷，仍有利潤。更重要的是，憑阿里在士林夜市散發的九折優惠傳單，吸引更多的客人前往總店消費，這一部份就讓阿里增加許多收入。

況且士林夜市分店的員工都是從本店調度過去的，部分甚至是阿里的親戚，不需另外聘請員工，只要稍增加部分人員薪資即可。至於本店留守的都是時薪工讀生，人事成本因而得以獲得控制。

■■□口味特色□■■■

微辣中帶有咖哩香味的肉串，配上特製薄餅，令人垂涎三尺。

如果到一般的印度餐廳，其正確的用餐程序是：一、用餐前，印度人習慣喝些餐前飲料，並搭配餐前點心。二、為烤盤(即燒烤類)。三、為主菜，通常搭配白飯或烤餅。四、甜點。

不過在夜市小攤裡，印度與巴基斯坦小吃當然沒辦法這麼講究。以「阿里八八的廚房」士林夜市分店而言，印度薄餅是主力產品，阿里表示，經過咖哩醃製的肉串，加上麵粉製作的薄餅，相當符合台灣人的口味。和巴基斯坦人一樣，台灣人對於重口味的食物興致頗高，於是微辣中帶有咖哩香味的肉串，賣相奇佳！而台灣人對咖哩之類的香料早就不陌生，雖然阿里認為，台灣賣的香料與印度等地的口味不同，但是說實在的，台灣人對香料的辨識能力不高，只覺得好吃味美便可以過關。

不過唯一與印度、巴基斯坦不同的，就是台灣人對辣的接受程度還是顯得保守。阿里表示，真正

巴基斯坦與印度人十分喜歡吃甜食，圖中有乳酸飲料以及芒果汁，可以沖淡咖哩的重口味。

印度與巴基斯坦的料理絕對會讓人辣翻天，因此針對這一部份，阿里略做修改，除非客人指明特別需要辣一點，不然不會添加過多的辣椒。

■■ 未來計畫 ■■

多元化的餐飲，增加顧客的選擇性。

阿里非常慶幸不論士林分店或者南京西路本店的生意都很上軌道，尤其士林夜市的生意已經很穩定後，他打算進一步將產品更加多元化。

目前士林夜市分店主力產品為印度薄餅與烤肉串，阿里希望隨著四季更替，在天氣暖和時能提供蔬菜咖哩餃、乳酸飲料等附屬產品。同時，阿里也不排斥開放加盟的可能性，「只要計畫好了，就會推動。」滿腦子生意經的阿里，正在勾勒他的餐飲世界。

客層調查

勇敢嘗試的年輕人，呼朋喚友一起共享美食。

在還沒有成立士林夜市分店之前，就有許多來自世界各地的外國人，在南京西路本店品嚐過阿里的精心料理。除了清真教友的口耳相傳，阿里也在英文的商務刊物上刊登廣告，增加曝光率。至於台灣的食客比例也不小，阿里表示，許多台灣客人都是攜朋帶友一起前來，此外，阿里洞悉台灣人喜歡「吃到飽」的形式，所以本店在每個禮拜六、日中午推出高達十二樣到十五樣，包括什錦沙拉、串燒碎洋肉、奶油烤餅以及各式飲料的自助餐，讓客人吃得過癮。

阿里在士林夜市漸漸做出口碑，他散發傳單的宣傳效果極佳，果然為本店帶來不錯的生意。由於士林夜市的客源以二十歲左右的年輕人居多，當他們發現原來台北還有賣這樣美味的異國料理之後，大多都會前往本店消費。這種本店、分店互相宣傳的方式，非常值得餐飲同業效法。

阿里八八的廚房

創業數據一覽表

(以下為士林分店的創業資料)

項　　目	說　　明	備　　註
創業年數	3年	
坪數	1坪	餐車一台
租金	5萬元	
人手數目	4人	包括老闆阿里
平均每日來客數目	300人	
平均每月進貨成本	10萬元	
平均每月營業額	45萬元	
平均每月淨利	30萬元	

成功有撇步

　　中國人做生意向來以誠信為原則，縱橫商場多年的阿里非常認同「無信則不立」的說法。阿里透露，只要食物的品質出了問題，吃起來有一點點的不一樣，他寧可全部丟棄，重新做過。因為客人的嘴巴很厲害，偷工減料，甚至使用劣質的材料，其實客人都感覺得到。

　　「一個客人會跟十個客人講，十個客人會告訴一百個客人，時間一久，餐廳就做不下去了。」基於這樣的觀念，阿里曾經不止一次把辛辛苦苦做好，或者沒有賣光的原料全部丟掉。雖然表面上看起來，阿里耗費了許多成本，但是無形中，阿里贏得客人的認可，這一部份更是無價的財產。

　　至於什麼樣的人最適合開餐廳？「愛吃的人做出來的食物就會比較好吃。」阿里笑著說。在他的觀念中，從事餐飲業確實要很大的興趣，才有可能經營得有聲有色，如果自己都不喜歡自己做的菜餚，又要客人怎麼接受呢？

薄餅與烤肉串

各式各樣的香料，顏色有白色、橙色、橘紅色，口味有辣的、不辣的，五味雜陳，色彩繽紛，是印度菜中的重要角色。中東地區的民族吃飯不能沒有香料，而高達數十種的香料若非專門研究，一般人可能根本不知道什麼是什麼。

作法大公開

★ 材料說明

項 目	所需份量	價 格	備 註
牛肉	500公克	1公斤80元	切丁
青椒	半顆	1公斤40元	
洋蔥	100公克	1公斤40元	
咖哩粉	少許	1公斤100元	
麵皮	1張	1公斤20元	

★ 製作方式

1 前製處理

　　將牛肉以及雞肉切塊，放入調配好的香料或者咖哩當中醃製，大約二十分鐘。爲了讓肉塊充分吸收香料，適當的攪拌是必須的。暫時先用不到的肉塊，建議放入冰箱中保鮮。

異國風味大挑戰。「阿里八八的廚房」總共有75道單點佳餚！

1 將香料綜合攪拌，調製成咖哩醬。其中基礎的咖哩香料有胡椒、薑黃、茴香等。

2 把肉塊放在咖哩醬中醃漬。

3 約十分鐘後，把肉塊與青椒、洋蔥等配料用鐵架串起。

阿里八八的廚房

4 用炭火烤熟。

5 在烤肉串之餘，同時製作薄餅。在搓麵粉時加入香草油和芝士，增加濃郁的香氣，而後將桿好的麵皮，直接貼在烤爐的爐壁上面，呈現焦黃之後即可出爐。

6 薄餅烤熟後將肉串放在薄餅上。

7 淋上一些優格當佐料。

8 把餡料包裹起來就大功告成。

阿里八八的廚房

在家DIY小技巧

　　如果覺得還要從麵粉開始製作餅皮相當麻煩的話，不妨直接購買小吃攤上的餡餅，選擇自己喜歡的肉類以及蔬菜當成餡料，通通包起來就大功告成。

獨家祕方

不論巴基斯坦或者印度的料理，只要與香料有關，一定就要在前製處理的時候，將不下十種的原料，事先依照比例調製完成。至於調製的比例，除了視口味不同而定之外，各家的調製方法更是不外傳的秘訣。

美　見證

台北人對異國風味的美食接受度很高，所以經常可以發現一些不錯的美食，我們非常喜歡「阿里八八」的烤肉，花個八十元，就可以吃到好大一串，太棒了。

Liyu(24歲，學生)、Morgan(24歲，學生)

中東美食小常識

吃法豪邁的中東料理

中東料理與印度料理相似，都偏愛香料、豆類、餅皮、碳烤，及一種類似奶酪的奶製品，口味偏辛香，味覺層次豐富。以飯為例，中東料理端出的飯標榜色重、味香。

另外，腦筋動得快的中東人還偏愛就地取材，像是中東盛產的豆類，就是料理最佳的主角，光是豆類就有數十種烹調方式。像是中東人最愛的「何莫素」，就是將豆子打碎，添入比豆花還滑嫩的優格、奶酪、再加點橄欖油、芝麻醬、檸檬等打成醬，味道香濃。而標準吃法是在「恰巴帝」（餅皮）上塗上一層「何莫素」，吃法豪邁，味道濃重，不僅中東人愛，就連歐美人士也難以抗拒入口的那股香濃Q勁滋味，更不用說是對美食接受度很高的台灣人了。

印度先生的甩餅小舖

百分百印度人製作
拋甩技巧功力高
進口香料製成純正咖哩
口味正宗道地

印度先生的甩餅小舖

✌ 印度 🇮🇳

⌂ 台北市士林區文林
　 路102號

✆ 0926-333010

⊘ 15:00~02:00

💰 13萬元

$ 1萬

外國人來到異地，往往受限於民情風俗以及生活習慣等等的差異，而很難融入當地人的生活，更別說要與從在地人的角度觀看事情。

讓人驚訝的，在知名的士林觀光夜市，正上演著一齣外國人落實「根留台灣」的好戲。故事的主角是來自印度，今年只不過二十六歲的亞安禮，濃眉大眼的他不僅娶了台灣新娘，更進一步在台灣最傳統的夜市，賣起印度甩餅！

「印度先生的甩餅小舖」位於文林路旁，向銀座廣場承租攤位。該地正好是士林夜市往來人數最多的繁榮地帶。

開幕以來，每天川流不息的客人，讓他驚覺台灣人對異國料理接納程度之高，遠遠超出預期。在接觸客人的同時，也讓他對台灣人的習慣更為瞭解，這對他融入在地生活，有著相當大的幫助。

劍潭捷運站 ●

印度先生的
甩餅小舖 🍽

銀座廣場 ●

● 陽明戲院

心路歷程

　　一九七六年出生的亞安禮，老家在印度新德里的他，兩年半前來到台灣。在印度，亞安禮的家庭環境相當優渥，因爲父親從事貿易工作，而母親則販賣成衣，一家人天生都具備不凡的商業頭腦，亞安禮的父親看中台灣與印度之間的旅遊市場，因此要亞安禮來台灣學習中文，同時仲介旅遊生意。亞安禮於是來往於中印之間，在這段期間，他也與結識許久的台灣女友踏入婚姻的殿堂。

　　由於女方的家庭因素，並且考量到孩子年紀還小，不方便定居印度，所以亞安禮乾脆抱著先在台灣打拼的心理準備。於是在偶然的機會下，經過朋友的介紹，看中士林夜市的這個攤位。對亞安禮來說，經商本來就是拿手絕活，尤其深深瞭解「民以食爲天」的台灣人，最喜歡品嚐各式美食，他靈機一動，決定從家鄉的小吃「印度甩餅」著手，因爲台灣人對印度甩餅並不陌生，市場接受度已經建立起來，而且甩餅的風味相當適合台灣人，基於這些原因，亞安禮義無反顧的投入小吃攤的行列。

　　其實從事任何一行，都存在前途未卜的風險，尤其小吃業更是如

「要吃由百分之百印度人所做的道地甩餅，請來這裡！」

老闆・亞安禮

此。別以爲小吃利潤高、收入豐，但是如果缺乏正確的Know-how，以及屹立不搖的信心，再好的生意也會做砸。從亞安禮的身上我們可以觀察到他的用心，利用過去在印度累積而來的資源，重新在台灣這片土地上，找出謀生的道路，這就是亞安禮的生存之道！

羊肉甩餅中的
羊肉，因為
透過特殊香
料的醃製，
不僅沒有羊
騷味，還
會讓吃過
的人口齒
留香。

經營狀況

■■ 命 名 ■■■■■■

單刀直入的取名方式，讓顧客一看就明瞭。

　　沒有什麼取名的方式比單刀直入、簡而易懂來得更爲妥當，「印度先生的甩餅小舖」不就是最佳的範例嗎？在招牌上，我們可以看到一個翹鬍子、穿著傳統服飾的印度先生，以企業識別形象而言，亞安禮引用大家印象中印度人的特徵，雖然他並沒有跟著打扮成那副模樣，不過他的外貌長相就已經是最好的廣告。

　　由於賣的是「甩餅」，店名當然也要有「甩餅」兩字！所謂的甩餅，是印度當地頗受歡迎的一種小吃，有點像是台灣的潤餅。由於餅皮製作過程首重「拋」、「甩」的動作，所以從動作來替食物命名。

　　在亞安禮之前，就有人把這項印度小吃引進國內，所以對國人而言，印度甩餅一點都不陌生。根據老闆亞安禮的說法，在台北縣中永和一帶也有甩餅，但都是台灣人做的，像他這樣百分之百由印度人做的道地甩餅，可能只剩他這一家了。

■■ 地 點 選 擇 ■■■■■■

曝光度佳、能見度高，讓過路的行人無法忽視甩餅的存在。

　　目前「印度先生的甩餅小舖」位於文林路旁，攤位是向「銀座廣場」承租的。該地正好是士林夜市往來人數最多的繁榮地帶。曝光率強、能見度高，能吸引眾多過路客的視線。雖然夜市的入口處

在馬路對面，不過並不影響客人跨越馬路，過來購買的意願。

加上「印度先生的甩餅小舖」周圍也有多家小吃攤，不論冷飲或者熱食一應俱全，彼此加乘的效果，也有助於帶動買氣。更難得的是，在寸土寸金的士林夜市，銀座廣場提供了自由入座的休息區，好讓客人有個坐下來的地方。諸多優點，讓「印度先生的甩餅小舖」生意一直維持長紅。

■■ 硬 體 設 備 ■■■■

為做出道地的甩餅，特地從印度進口烤爐。

從興起擺攤的點子，到確定位置、完成開店，亞安禮前前後後只花了五天的時間，效率之高令人咋舌！這其中包括他從印度空運一個大型烤爐。

和本書介紹的前一家店「阿里八八的廚房」一樣，由於製作餅皮需要使用到這種台灣買不到的土製烤爐，亞安禮回到印度老家訂貨。不過「阿里八八的廚房」採取海運

位居精華地段，每月四、五萬租金還算可以。

一般的民眾可能認為以士林夜市這樣國際級的觀光夜市，租金一定相當高昂，甚至可能逼近十萬大關。事實上，根據訪查，士林夜市攤位的租金大約介於三萬到六萬之間（一至四坪左右），與台北其他夜市比較起來，相差不至於太過懸殊，只要經營得當，每個攤位扣除掉必要開銷之後，依然大有賺頭。

銀座廣場採取「抽成制」，也就是說依照攤位每個月的營業額，抽取百分之二十的費用當作租金，以「印度先生的甩餅小舖」的情形為例，每個月必需支付四萬元到五萬元不等的租金。好在攤位位置不錯，每個月可以帶來一定標準之上的營收，讓亞安禮認為租金支付的相當值得。

印度先生的甩餅產品種類還不少，價錢也算合理，更好的是「裡面有座位」！

印度先生的甩餅小餅

的方式送達，而「印度先生的甩餅小舖」為掌握時間，直接經由空運把烤爐送來台灣，所以在成本上硬是比「阿里八八的廚房」多出將近兩萬元！(亞安禮購買一個烤爐的價錢為五萬元)。至於其他的生財工具，則完全在台灣添購。熟稔台灣事務的亞安禮，清楚的知道相關器材的購買資訊。

遠從印度搭飛機而來的烤爐，爐壁可以烤餅，也可以烤雞腿、羊肉串，功能多多。

■■ 食 材 ■■■■■■

各式各樣的香料，調配出屬於印度甩餅特有的美味。

　　和大多數從事異國料理買賣的老闆一樣，「印度先生的甩餅小舖」也有部分的原料源自於國外進口，尤其香料的部分（包括咖哩粉等等），縱使台灣的市面上早就已經充斥各式各樣的異國香料，但包括亞安禮在內的老闆們，還是認為口味不夠道地，無法表現出異國料理的精華，因此亞安禮特別委託遠在印度的母親，每個月寄送大約五六公斤的香料來台灣，再由他依照特定比例調製成咖哩以及其他香料。其中咖哩是由多種香料組合而成，不同用料

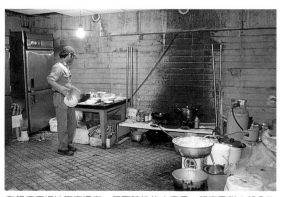

在銀座廣場地下室還有一個臨時性的小廚房，印度甩餅大部分的前製作業，例如醃肉、捏麵糰等等，都是在這裡完成。

的調配，就會有不同風味。

　　而肉品部分，便是台灣本地的雞肉與羊肉，牛肉也是符合回教徒需要，在屠宰過程以經文超渡的「HALAL」(即為經過經文超渡過的肉類)。其他青菜類的材料則由亞安禮以及妻子親自到市場採買，品質與數量可以獲得控制。

■■ 成 本 控 制 ■■■■■■

薄利多銷，是路邊攤賺錢的不二法則。

　　小吃屬於薄利多銷的產業，管消費用控制的好才有賺頭。滿腦子生意經的亞安禮，對於這一方面精打細算的程度相當高竿。舉例來說，在「印度先生的甩餅小舖」的攤位上，總是可以看到大約三、四個幫手，幫忙亞安禮招呼客人，讓人好奇的是，高額的人事成本不會侵蝕掉營收嗎？

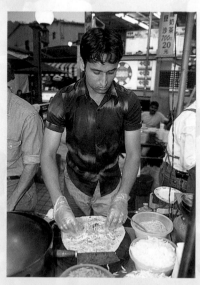

亞安禮來台灣學中文的弟弟也會義務來幫忙，因為亞安禮告訴他，來這裡學中文最快。

　　亞安禮笑著說：「請這些幫手我沒有花一毛錢！」他指著另一個高高帥帥的年輕人，那是亞安禮來台灣學習中文的弟弟，「我告訴他，要學中文最快的方法，就是來夜市與台灣人接觸。」另外一個肚子大大的中年人，則是亞安禮來台灣遊玩的朋友。更特別的是，還有一個胖胖的台灣女孩每天晚上也都會固定來幫忙，亞安

香Q麵皮包上優格、青菜與肉類，交織出一道美味的印度潤餅。

印度甩餅最重要的步驟，就在「甩」餅皮的這一道手續，亞安禮先將麵糰桿成餅狀，再以雙手將麵皮拋、甩，利用物力學的原理，讓餅皮自然擴張、變薄，隨後再放置於凸起的銅板烤爐上面烤熟，略微焦黑之後就可以起鍋，再依照客人的喜好，選擇肉類，所有配料以餅皮包裹，最後再灑上一些印度特製優格。吃法與口感，類似台灣人經常食用的潤餅，只不過更多了一份粗獷。

值得一提的是，「印度先生的甩餅小舖」除了甩餅之外，居然也有提供便當外帶的服務。基本的主菜仍然以雞肉、牛肉、羊肉為主，搭配上蔬菜等等配料，一個只要七十元到八十元之間，十分划算。

禮表示：「那個女生說要來學英文，每天就自己跑來幫忙。」

所以助手雖多，但全都是友情贊助，人事成本等於零，大部分的成本得以用在食材的購買上，亞安禮在成本控制上果然厲害。

■■客層調查■■■■

國際籍的觀光夜市，消費者來自世界各地。

士林夜市本來就是匯集各種族群的大市集，不管這些消費者本來的興趣嗜好是什麼，來到這裡都會想要嚐鮮，品嚐一些特別的小吃。

「印度先生的甩餅小舖」在這樣的心理因素下，受到大家的注目，因為好奇、因為

別看把餅皮拋、甩的動作似乎很容易，沒有經常練習還學不來呢！

老闆是印度人、因
為平常沒有什麼機會
吃到印度甩餅，所以
不限於勇於挑戰新鮮
事物的年輕人，甚至年紀
較大的族群，也都會想要來個甩餅，好
跟上流行！

特製的燒
烤奶油雞
是店內頗有
人氣的餐
點，是老闆大
力推薦的印度美
食。

　　當然來台觀光的外國朋友也是亞安禮的固定客源，在國際上，
印度也算是熱門的旅遊景點，所以這些外國人對印度甩餅也不陌
生，在台灣，還能品嚐到由正宗印度人製作的印度甩餅，相當難
得。

■■ 未來計畫 ■■■■

對於加盟者很歡迎，但是品質一定要受到標準限制。

　　精明的亞安禮最大的希望是能夠在天母地區，開設一家自己的
印度餐廳。因為天母地區外國人聚集，這樣的異國料理比較有市
場。另外亞安禮也不排斥加盟的可能，但是他只有一個要求：品質
要有一定標準。

　　亞安禮表示，在中、永和一帶也有印度甩餅的攤子，但是老闆
都是台灣人，如果也有台灣人希望加入創業的行列，那麼亞安禮希
望，產品品質的掌握必須做到盡善盡美的地步。

印度先生的甩餅小餅

創業數據一覽表

項　　目	說　　明	備　　註
創業年數	半年多	九十年十月開幕
坪數	3坪	
租金	4萬元到5萬元	依照攤位每個月的營業額，抽取百分之二十的費用當作租金
人手數目	3人到4人	義務性質，不支領薪資
平均每日來客數目	100人	單客消費金額100元
平均每月進貨成本	15萬元	
平均每月營業額	30萬元	
平均每月淨利	10萬元	

成功有撇步

　　開店以來，大家的讚許聲不絕於耳更讓他確定沒有走錯路。亞安禮以自身的經驗奉勸想要加入餐飲業的朋友，一定要清楚自己的定位，賣什麼就要像什麼，不僅要全心投入，更要對自己產出的產品負責！

亞安禮認為做生意一定要清楚自己的定位，賣什麼就要像什麼，不僅要全心投入，更要對自己產出的產品負責！

　　其次，攤位的選擇位置務必要優良，不好的攤位將影響生意，不過熱門的攤位往往可遇而不可求，剛起步的朋友不妨先將自己與鄰近攤位的關係處理好，同時用心經營自己的攤位，相信過不了多久，生意一定會大大不同。

印度甩餅

作法大公開

★材料說明

胡蘿蔔絲以及高麗菜絲也可以改為小黃瓜絲、蕃茄等其他蔬菜，在這一部分，印度甩餅沒有太多限制。

新鮮的胡蘿蔔絲、高麗菜絲因為用料大，必須事先就準備好，不然臨時缺貨，必然會手忙腳亂。

項　　目	所 需 份 量	價　　格
麵粉	100公克	1公斤15元
羊肉	300公克	1公斤50元
胡蘿蔔絲	100公克	1公斤20元
高麗菜絲	100公克	1公斤20元

★製作方式

1 前製處理

先將麵粉揉製成為麵糰，羊肉也事先以咖哩醃製大約半個小時，完成之後，用鐵串串好，準備進烤爐。

1 將麵粉和水揉製成為麵糰，持續到出現彈性為止，大約十分鐘。

2 將揉好的麵團以甩與拋的動作，製作成為餅皮。

3 將餅皮放置在銅爐上烤熟，略微呈現焦黃之後就可以起鍋。

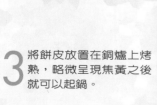

印度先生的甩餅小餅

4 將事先串好的羊肉放在炭火上烤熟，因為羊肉已經切碎，大約十分鐘之內就可以烤熟。

5 把烤好的餅皮抹上奶油，增加香味。

6 把碎羊肉放在餅皮上面。

7 陸續增加胡蘿蔔絲、高麗菜絲等配料。

8 包裹起來之後，一道豐盛的印度甩餅就完成了。

在家DIY小技巧

　　這種印度式的甩餅製作方法再簡單不過了，套用潤餅的模式，將餅皮(不管是蔥油餅還是潤餅的餅皮都可以)、肉類以及蔬菜包在一起，捲起來吃，就是最基本的甩餅了。

獨家秘方

　　基本上來說印度甩餅的材料都很常見，除了遠從印度來的咖哩香料之外，嚴格來說，食材部分並沒有特別的獨家秘方，不過唯一可以稱的上秘方的，應該就是甩餅的製作方法吧，別看把餅皮拋、甩的動作似乎很容易，沒有經常練習還學不來呢！

美見證

　　我去美國的時候，就在紐約SOHO品嚐過正宗印度甩餅，沒想到回到台灣也遇得到，回想起一手吃著甩餅、一手看著報紙的那段遊學生涯，真是忍不住向朋友推薦好吃的印度甩餅。

巫安妮(22歲，客服人員)

印度菜南北大不同

　　我們常用「北人吃麵，南人吃米」來形容中國人的飲食習慣，這句話用在印度也一樣能成立。印度北部天氣尚稱涼爽，菜色以清爽、精緻為主，口味並不以辛辣著稱，多依靠麵粉過活，因此發展出多種有餡或沒餡的麵食產品，不僅形狀多變，烹調手法也各有不同。而目前在世界各地之印度菜多以北印度菜較聞名；南印度菜口味則較重，酸、鹹、辣，以海鮮為主要烹調材料，東南亞地區的印度菜就比較偏向這一派。

　　在印度，婦女常在炭爐上放著一個鐵鍋烘餅，這就是傳統的印度麵餅。它的外型呈扁平狀，原料大多是沒有發酵的麵粉，例如全麥口味的chapatis或玉米粉的batloo。形狀類似葉子的naans，則是貼在烤爐邊快速烘烤。另外，還有Pakoris是山藜豆（Chickpeas）粉做成的油炸餅；更常見的是全麥炸餅pooris，圓圓滾滾的排列在鍋邊，讓路過的人都忍不住留口水。

它克亞奇章魚燒

特製麵糊內裹新鮮章魚
渾圓造型小巧可愛
大人小孩人人愛
一口一口最順口

它克亞奇章魚燒

✌ 日本　　●

⌂ 台北市士林區文林
路巷內（由陽明戲
院旁的巷子進入）

✆ （02）2883-2826

⌚ 14：00-24：00

💰 15萬元

$ 8千元至1萬元

日本風味的食物在台灣十分普遍，事實上，不論是高級的日式料理或者簡單的日式小吃，都有高水準的成績。

姑且拋開日本曾經佔領台灣數十年的宿怨歷史不說，在地理位置上離我們非常近的日本，確實利用其精緻的美食與特殊的民俗風情，慢慢的影響著台灣文化，不論在流行、文化或者電視節目上，處處可以發現東洋的影子。尤其在飲食方面，由於日本與我國同樣面臨海洋、同樣以米飯爲主食，所以在口味的接受習慣上，幾乎說是大同小異。正因爲如此，日本食物對台灣人而言，不僅接觸得早、接觸得深，而且廣爲一般人所接受。

「它克亞奇章魚燒」的攤位以原木造型為主，與日本老式平房的感覺十分雷同。

在我們居住的這個叢爾小島，許多人最常吃的可能不是麥當勞，不是肯德基，而是以精緻著稱的日本料理。日本料理也是多面向的，在餐廳享受的懷石料理屬於頂級餐飲，而大阪燒、關東煮、章魚燒，則是大眾化的平民小吃。你，喜歡品嚐哪一種呢？

「我們的章魚新鮮，口感紮實，歡迎各位前來品嚐比較。」

心路歷程

店主蔣先生渾身充滿活力幹勁，他和他的妻子在士林夜市執業已經有兩、三年的歷史了。這些年以來，除了刮颱風下大

老闆、老闆娘·蔣先生、蔣太太

雨，他們夫婦二人的身影幾乎每天下午都會準時的出現在士林夜市，為忙碌的一天做好準備。在此之前，蔣先生與他的妻子已經為了晚上使用的章魚原料，慎重的前往漁市場再三確認。蔣先生表示：「章魚燒的好吃與否決定在章魚的品質，別以為經過麵粉以及調味料的重重包裹，章魚的新鮮程度可以矇混過去。」他強調：「就是吃得出來，騙不了人的！」

與本書所介紹的其他業主一樣，蔣先生一路走來也歷經過許多起伏轉折，目前從事小吃業的他，以前居然經營過成衣批發，那個時候的店面也是在士林夜市，不過後來發現成衣批發並不是那麼好賺，而且內心中隱藏已久的興趣，也帶領他往小吃業的路上踏去。經過一番摸索，蔣先生確定日式的小吃確實在市場上屬於歷久不衰的超人氣商品，於是賣相頗佳的章魚燒就成了蔣先生決定主打的重要產品。

當然在真正做出成果之前，蔣先生也歷經了拜師學藝，以及不斷自我摸索的必經階段。在競爭激烈的市場上，同時提供了許多高品質的商品，消費者的選擇相當多元，甚至真的可以說「有錢就是大爺」，只要花錢的消費者對某項產品稍有意見，那麼這家店就可能會落入萬劫不復的深淵。蔣先生在這個「恐怖平衡」的鋼索上戰戰兢兢的走過來，還好，在同性質商品充斥的市場上，蔣先生憑藉者認真踏實、真材實料，不斷的進行市場調查，總算找到「它克亞奇章魚燒」最正確的一條生存之道。

它克亞奇章魚燒

經營狀況

■ 命名 ■■■■■

由日文發音翻譯成中文，匠心巧思令人印象深刻。

章魚燒一份的價格為35元3盒100元，老闆還將詳細的配料註明在看板上，如果客人不要添加什麼記得事先告知。

「它克亞奇章魚燒」乍聽之下是一個頗為奇怪的名字！令人好奇的是，「它克亞奇」到底代表什麼意思？這個摸不著頭緒的名字背後賣弄的是怎樣的玄機？「嘿嘿！」老闆蔣先生很得意的笑了笑，他向我們解釋道：「『它克』就是日文『章魚』的意思，所以『它克亞奇』完整的含意就是章魚燒。」，蔣先生希望藉由這樣奇怪的名字吸引消費者的注意，進而讓顧客上門，這樣的匠心巧思，非常符合現下年輕人喜歡新奇事物的趨勢。

事實證明，不少的顧客確實因為對這個奇怪的名字感到好奇而來消費。蔣先生非常得意的強調：「我還替『它克亞奇』這個名字到標準局註冊，別人不可以未經我的同意來仿冒喔！」

■■ 地點選擇 ■■■■■

位在夜市精華地段，人氣買氣一級棒。

從文林路上的陽明戲院走進士林夜市，這一段最為精華的地段，聚集了許多生意超級興隆的小吃攤，包括知名的上海水煎包。基本上，我們可以大膽的說，只要在這一塊黃金地帶佔有一席之地，也就代表日進斗金、收入豐富。

「它克亞奇章魚燒」就在上海水煎包隔壁不遠處，周遭還有冰店、關東煮的攤子，幾乎每一家都經過傳播媒體的介紹，受到肯定的程度由此可知！這樣的情形更加刺激蔣先生全力以赴的決心。蔣先生回憶說：「我們的店面以前原本在夜市旁邊的小巷子，後來才搬到這裡的。」地點的改變，也代表「它

方便攜帶，可邊走邊吃的章魚燒，是十分適合在夜市中販賣的小吃。

克亞奇章魚燒」做好了面對更嚴苛市場考驗的準備。

把小吃攤的戰場由小巷弄中，轉移到目前這塊超級戰區，除了對自身的產品具備相當信心之外，蔣先生最主要還是希望讓自己的產品能見度高一點，讓更多朋友認識「它克亞奇章魚燒」。

章魚燒設備簡單，攤車以原木作造型，洋溢濃濃東洋味。

在諸多的日式小吃當中，章魚燒所需要用到的設備算是最簡單的，只要一個有許多半圓形窪洞的鐵板烤台，剩下的，就要靠技巧了。「它克亞奇章魚燒」總共有六個這樣的鐵板烤台，每一個鐵板烤台都可以製作二十八個章魚燒。

不過從這些鐵板烤台的焦黑程度看來，大概只有中間四個使用頻率最高。這樣的情形與使用者的習慣以及操作位置有很大的關係，因為老闆蔣先生通常都站在中間的地方製作章魚燒，離左右手較遠的兩方自然易被忽略。

至於「它克亞奇章魚燒」的攤位是以原木造型為主，與日本老式平房的感覺十分雷同，與消費者對日本的傳統印象如出一轍，而這也是吸引客人上門的因素之一。

它克亞奇章魚燒

██ 租 金 ██████

士林夜市寸土寸金，顧客若多以外帶形式，則可節省租金。

　　在本次的「異國美食」當中，介紹了包括了同樣位於士林夜市周圍的「三丸子」、「阿里八八的廚房」和「印度先生的甩餅小舖」。這些攤位由於和所謂的夜市精華地帶有著距離上的差異，所以租金不盡相同，但是範圍都介於三萬元到六萬元之間。

　　要知道「它克亞奇章魚燒」每月租金之前，我們先瞭解一下該店的規模。在「它克亞奇章魚燒」旁邊，是一家賣冰的小攤子，這兩家攤子的後面，大約有三十至四十個位子，這樣的安排對寸土寸金的士林夜市來講，異常難得。

　　因為多一張位子就代表多一分租金，在經營者的角度看來，最好消費者都以外帶的方式消費，節省店內不必要的空間。既然「它克亞奇章魚燒」提供那麼多座位，可見每月租金一定相當可觀囉？事實不然，因為後面的那些位子是屬於冰店的，嚴格說來「它克亞奇章魚燒」沒有使用權。所以該店真正的營業範圍只有一輛小小的餐車，坪數不過一坪，每個月的租金大約為三萬元。

██ 食 材 ██████

　　章魚和明蝦等食材的新鮮，是產品味美的保證。

　　日本料理中使用海鮮的次數非常頻繁，因此對於食物保存、新鮮的要求也就特別的高。「它克亞奇章魚燒」自不例外，老闆蔣先生透露：「我這裡的章魚，都是委託基隆的朋友幫我到漁港批貨的。」

　　當漁船一進港，蔣先生的朋友就在第一時間裡將優等的章魚訂

購下來，迅速的轉運到台北，然後蔣先生馬上將這些原料切成適當大小之後，放入冷藏。為了維持新鮮度，蔣先生每次只進兩、三天的貨量，避免章魚走味。

不論章魚或者明蝦，受限於製作容器的大小，都必須切成適當大小，方便食用。

本店的另一項產品「明蝦燒」也是個很有學問的小吃，因為鐵板烤台上的窪洞容量有限，無法塞進太多、太大的餡料，而章魚本來就可以任意切成適當的大小，不過蝦子卻因為造型的考量，最好不要切得零零碎碎，所以如何找到大小適中的明蝦，就成了老闆蔣先生最重要的任務。為此，蔣先生找了許多批發商，確定再三，才終於找到目前使用大約小拇指頭前兩節大小的明蝦。

■■ **成本控制** ■■■■■■

章魚受捕獲量影響，價格波動大，連帶影響利潤。

海鮮的原料最耗成本，原因不外乎如果沒有處理好，整批原料比豬肉、牛肉更容易因腐敗而報廢；而且目前市場上的價格，海鮮本來就稍微貴一點。

如同先前所述，「它克亞奇章魚燒」的章魚原料，都是老闆蔣先生從基隆港進貨而來的。但是章魚受限於漁貨量以及品質等原因，價格起伏很大，每公斤的價錢介於一百二十元至一百四十元之間。原料成本的變動連帶也影響到利潤，這一部份的價格受限於大環境的機制，蔣先生也無法改變，只能說：「如果章魚貴的時候，

小巧的章魚燒，不論小
孩或大人都很喜歡。

　　從以前在從事批發成衣生意
的時候，蔣先生就一直在士林夜
市做生意，他對該區的消費生態
可以說是再熟悉不過了。蔣先生
把「它克亞奇章魚燒」的客群分
為兩類，第一是下午放學之後，
順路經過的學生族群，這些年輕
力壯的學生們最喜歡在正餐之
外，四處品嚐零嘴，小巧的章魚
燒除了方便個人食用之外，六個
的份量也可以和朋友一起分享。

　　到了更晚一點，大約傍晚
五、六點之後，士林夜市的人群
漸漸增加，來自四面八方的消費
者就會光顧「它克亞奇章魚燒」
了。之所以用「四面八方」形
容，主要是因為不僅僅只有年輕
人，甚至連年紀大的阿公阿媽，
基於以往對日本的感情，同樣也
非常喜歡這項不錯
的日式小吃。

我就少賺一點。」

■■ 口 味 特 色 ■■■■

口感紮實，口味多元和食材
新鮮，是取勝的三大特色。

　　就在「它克亞奇章魚燒」斜對
面，另外一家全省擁有多家分店的
大型連鎖章魚燒就矗立在那，它們
的設備與人手比「它克亞奇章魚燒」
更具規模，相形之下「它克亞奇章
魚燒」顯得更形單影隻。面對如此
強大的競爭壓力，老闆蔣先生得冷
靜許多，他認為雖然有強敵出現，
但是這不失為一場良性競爭。

　　蔣先生分析「它克亞奇章魚燒」
與那一家大型連鎖的章魚燒最大的
不同就在於口味的差異性。「我們
在原料的挑選上更為謹慎，如果客
人喜歡什麼或不喜歡什麼，我們也
可以在第一時間內改變。」

　　基本上來說，「它克
亞奇章魚燒」的產品品嚐
起來口感紮實，可以感
覺到麵漿確實沒有添

加太多的水分，所以有一股濃郁的香氣，和一種讓人覺飢腸轆轆的味道。尤其一口咬下去，章魚很有彈性。相信大家一定非常害怕那種吃起來軟趴趴的章魚，那鐵定是不新鮮的。

■■■ 未來計畫 ■■■■

歡迎有志一同的朋友一同加入「它克亞奇」的行列。

老闆蔣先生一語道破「它克亞奇章魚燒」致勝的秘訣：「因為我們鋪貨的時間短，貨源彈性，選擇性多，而且針對變化無窮的市場，我們應變的時間更為迅速。」蔣先生希望他與妻子二人能夠繼續維持這樣的優勢，進一步拓展自己的事業版圖。

蔣先生更忍不住興奮的表達自己的理想：「我們非常歡迎興趣相投的朋友加入我們的行列，加盟金只要四萬八千元，其他的進貨成本另外計算。」目前「它克亞奇章魚燒」在其他縣市已經有幾家連鎖店。

老闆與老闆娘通常一個負責製作章魚燒，另一個就忙著招呼客人，所有動作都已經標準化，讓客人不至於久等。

除此之外，老闆蔣先生更希望家庭和樂美滿。在「它克亞奇章魚燒」的攤位之前，蔣先生與蔣太太忙進忙出的，一副鶼鰈情深的幸福模樣，的確讓許多人充滿羨慕。

它克亞奇章魚燒

創業數據一覽表

項　目	說　明	備　註
創業年數	3年	
坪數	1坪	不提供座位，以外帶為主
租金	3萬元	
人手數目	2人	老闆與老闆娘二人
平均每日來客數目	80~100人	
平均每月進貨成本	6萬元	
平均每月營業額	27萬元	
平均每月淨利	18萬元	

老闆從以前所從事的成衣批發到現在經營路邊小吃攤，都是選擇在逛街人口眾多的士林夜市。

成功有撇步

　　小吃業向來都給人利潤豐富的印象，也吸引很多有志從事這一行的朋友加入，尤其在景氣不好的現在，更多想要轉業的族群前仆後繼的加入小吃業的範圍。不過這卻是一種可怕的警訊，別以為小吃業只要擺個攤子，隨便賣個東西就可以賺錢，其實真正的情形絕對沒有想像中的輕鬆。

　　「它克亞奇章魚燒」的老闆蔣先生就是一個值得學習的典範，多年來他從成衣批發再跨足到小吃餐飲業，屬性雖然不同，但是都一樣是以夜市為活動範圍。因此，在決定從事路邊攤小吃前，不論是在口味鑽研、服務品質或是地點選擇上，還是要先做足功課，否則盲目投入，可能只會徒費心力和金錢。

章魚燒

作法大公開

★ 材料說明

1. 麵漿所需材料為低筋麵粉50公克、發粉2小匙、蛋1個、水80公克、鹽1小匙，並置於碗中均勻攪拌。而後加入切碎的高麗菜一併拌勻。

2. 柴魚片與美乃滋為製作完成之後的配料。

項　　目	所 需 份 量	價　　格
章魚	5公克	1公斤120至140元
高麗菜	少許	1顆15至20元
美乃滋	適量	150公克裝20元
柴魚片	適量	1包40元

★ 製作方式

1 前製處理

所有的章魚必須事先切成適當大小，大約長寬兩公分左右，便於放入鐵板烤台的窪洞中。

2 製作步驟

1 將鐵板烤台加溫預熱後，用刷子或棒子塗抹一些沙拉油，以避免原料沾鍋。

2 倒入事先製成的麵漿。

3 大約烤個30秒之後，倒入由胡椒粉、鹽等調味料配製而成的香料。

它克亞奇章魚燒

4 這時候可以把章魚放進來，一個窪洞放一個。

5 將切好的青菜平均而且適量的鋪在麵漿上面。

6 再倒入一些麵漿。

7 用工具(如細鐵棒、竹籤等)在每個章魚燒的周圍畫一圈，將底部已經烤熟的麵漿翻滾到另一面，在這樣的過程中，章魚燒很自然的就會變成圓形。在不斷的翻滾中，讓章魚燒的兩面都能充分燒烤，等利用工具輕壓時感覺有彈性，即可取出。

8 將烤好的章魚燒抹上一些醬油，再塗上適量的美乃滋。

9 柴魚片、海苔粉可以更增加章魚燒的風味，這就完成了香噴噴的成品。

它克亞奇章魚燒

在家DIY小技巧

　　受限於章魚燒需要的鐵板烤台並不是一般家庭廚房必備的工具，在家裡，我們可以將圓形章魚燒的作法改為像是大阪燒一樣，切成整齊的方塊狀。讀者可以準備一個平底煎鍋，依照上述製作步驟，將麵漿平均的倒滿平底煎鍋，然後以鍋鏟平均的劃出適當大小，以放入章魚，這種類似蚵仔煎的作法也是另一種享受章魚燒的門道。

獨家秘方

　　章魚燒這項小吃最重要的秘訣當然就是在章魚這項原料的選取了，章魚要新鮮可口，除了必須在最短的時間之內食用完畢之外，一般民眾在上市場選貨的時候，更要注意新鮮程度。有些不肖商人會添加許多奇怪的化學原料以延長保存期限，不過一般人還是可以從章魚的外觀辨別好壞，例如，如果章魚的身邊出現許多黏黏的體液，最好就不要購買。

美　　見　　證

沈俊霖（20歲，學生）、蔡凱仁（20歲，學生）、蔡智凱（20歲，學生）

　　章魚燒不僅攜帶方便，可以邊走邊吃，也不會影響正餐。在下課時，我們都喜歡來這邊買上一盒。剛出爐的章魚燒，燙嘴卻不膩口，吃習慣之後，哪一天不吃還覺得全身不對勁。

由窮人的零嘴變成傳統小吃

　　你知道嗎？章魚燒的發源地其實是在大阪唷！據說章魚燒的出現，是因為當時日本的平民百姓沒錢給小孩買零食，就將家中的剩菜以及自家醃製的漬物裹上麵粉後，烤給小孩當零嘴吃，後來也就慢慢發展成攤販小吃，可能是因為現在經濟比較好了，所以改用章魚來當餡。

　　現在日本的大阪幾乎家家戶戶都會擁有烤章魚燒的圓洞鐵板，閒來沒事就自己烤來吃，還可以跟家人聯絡感情，章魚燒可以說是大阪每一家都會做的一種傳統小吃。

昆 明 園

清真式料理
融合道地精髓
並迎合國人口味
全世界老饕都稱讚

昆 明 園

滇、緬、中東

(i) 自營店

台北市復興北路81
巷26號

(02)2751-6776

11:30~14:00，
17:30~21:30

50萬元

$ 1萬5千元

人家都說賣吃的最好賺，但是造化弄人，命運不一定都是公平的。有人賣的東西看似不出色，但是生意卻好到令人眼紅；有人用心經營，卻落得倒閉收場。這樣的心情，「昆明園」的老闆馬雲昌體驗最為深刻。

十年前，曾經在台北市黃金地點開業的他，最後卻落到虧損一百五十萬，倉皇撤守，連夜搬走從餐廳拆下來的器具，尋找下一個棲身之所。這樣慘痛的教訓，讓他學到許多，至今「昆明園」仍可以看到當時搬遷過來的家具，也見證了馬雲昌從跌倒後再次爬起的過程。

現在的「昆明園」裝潢雖然不像大餐館般豪華，但是道地的緬甸料理，卻吸引了許多世界各地來台出差的食客，其中當然也不乏來自中東的朋友。而本地人對「昆明園」的高接受程度，更是讓馬雲昌更珍惜得來不易的成果。

店面雖位在不起眼的小巷子中，不過那道地的異國美味卻是不可放過的好味道。

心路歷程

「昆明園」是一家綜合了雲南、印度與緬甸料理的店面。今年四十五歲的老闆馬雲昌，父母是雲南人，曾經打過游擊隊，不過他從小卻在緬甸長大。十年前與妻子結婚後，有鑑於台北市專門提供回教的清真式食物的餐館相當少。在四處找不到純正緬甸料理的情形下，馬雲昌決定運用自己在緬甸也曾開餐館的經驗，與妻子一起創業。

馬雲昌的第一家餐廳開在台北市的黃金地段，也就是今天東區的SOGO百貨後面。剛開始的時候，餐廳業績蒸蒸日上，客人的反應也不差，馬雲昌以為從此平步青雲，於是大手筆的添購設備，裝潢拆了又補，餐具換了再買，完全沒有想到預備金周轉的問題。

最後因為過度擴張，成本無法回收，這時候馬雲昌才發現問題的嚴重性，他猛然一算，一百五十萬無聲無息的付諸流水。他回憶起這段過去，仍然心有餘悸：「十年前一百五十萬有多大你知道嗎！尤其對我們這種一分一毫累積起來的人而言，打擊實在太大。」

馬雲昌不相信自己會被擊倒。他向朋友借了一台小發財車，連夜將因經營不善而關閉的餐廳裡面所有能用的東西通通搬走，四處尋找下一個開店地點。馬雲昌很慶幸自己能夠在剛起步不久就跌倒過，他緩緩的說出心中感觸：「如果不是那一次的挫折，我現在可能承擔不了任何的打擊，而『昆明園』也不是今天的樣子了！」

昆明園

「我們的菜色豐富，美味口味，來自世界各地的老饕都稱讚！」

老闆・馬雲昌

緬甸式風味的辣醬蝦,新鮮的草蝦,與夠勁的辣醬一起烹飪,品嚐起來蝦子脆、辣醬嗆,火辣你的胃。

經營狀況

▌▌命名▌▌▌▌▌▌

蘊含對家鄉的思念之情。

從「昆明園」的店名,我們可以感覺到馬雲昌對故鄉的殷切思念。從小在緬甸長大的他,二十一歲才來台灣,當時連一句中文都不會說。年輕的時候從事過許多職業的馬雲昌,基於對家鄉菜的熱愛,十年前決定開一家有「媽媽味道」的餐廳。

緬甸當地有不少的回教徒,馬雲昌自然也不例外。巧合的是,馬雲昌在緬甸的老家,就是開設專門烹飪清真食物的餐廳。有了上一輩累積傳承的經驗,馬雲昌從事餐飲可謂駕輕就熟。

▌▌地點選擇▌▌▌▌▌▌

阿拉冥冥中幫助,只要用心,小巷子也可創造出好生意。

馬雲昌從事餐飲業將近十年的歷史,最初,他的店面選擇開設在基隆路世貿附近。馬雲昌形容那個時候「昆明園」的盛況,用門庭若市來形容也不為過。馬雲昌活靈活現的敘述當時情形:「只要世貿一有國際型的大展覽,來自世界各地的工作人員在會後一定會來我的餐廳!」當時台

馬雲昌特別將「HALAL」的證書影印,放在櫃臺上,讓回教國家來的客人吃的安心。

北專賣回教菜的餐廳屈指可數,這些外國人替「昆明園」帶來可觀的生意。後來存了一點錢,馬雲昌將餐廳搬到繁華的敦化南路上,

生意也一度不錯，但是錯誤的經營策略，讓馬雲昌慘賠一百五十萬。「我只好載著敦南店拆下來的裝備，慢慢尋找下一個適合開店的地方。」悲慘的情勢，讓馬雲昌的妻子不禁勸他：「如果作不下去，我們就回緬甸！」

　　就在窮途末路之際，馬雲昌忽然看到目前店址正在招租的字條，顧不得其他考量，馬雲昌決定先租再說。「說也奇怪，我在敦化南路那麼好的地點做不起來，卻在復興北路的小巷子裡面找到新希望！」馬雲昌感謝阿拉冥冥中幫助他。的確，目前「昆明園」的四周缺乏商家帶動買氣，最近的餐廳也離它有兩個路口之遠，但是馬雲昌卻在看似劣勢的情形下，還清了負債，「昆明園」的營運也步上正軌。

■■ 租金 ■■■■

租金約佔營收七分之一。

　　「昆明園」的坪數為四十坪左右，包括前場餐廳將近四十個座位，以及後場的廚房。平時馬雲

昆
明
園

親手搭蓋的裝潢，雖不華麗卻樸實。

　　一家介紹「昆明園」的雜誌在文中這樣寫著：「唯一美中不足的地方是它的裝潢，有點空洞且單調，但幸運的是，可以花少少的錢，享受這般美食。」說到這，馬雲昌無奈的笑了笑，他順手一指天花板告訴我們，剛「逃難」來這裡的時候，他的老婆正好要生產，沒人能夠幫忙他打理布置，於是現在的天花板完全採用敦南店搬過來的材料，由他親手搭蓋。「還有吧台、桌椅、屏風、廚房設備，通通都是上一家店留下來的。」能省則省是馬雲昌的原則，不過他還是向親戚借了五十萬當作新店的創業基金。

大部分的設備都是老闆從上一家店搬過來的，雖然裝潢不豪華，但卻有家的味道。

道地香料與HALAL，讓回教徒吃肉吃得更安心。

昆明園的食材來源分為三大方向，第一部分是使用從國外進口的肉類，例如澳洲的牛肉、羊肉。第二部分，馬雲昌委託緬甸的朋友，每月寄送包括最基本的八角、花椒等香料來台。第三部分，則是馬雲昌夫婦親自到傳統市場採買青菜、雞蛋、調味料等材料。因為小本經營、用料控制得宜，所以售價與成本之間相當平衡，平衡維持在四成之間。

當採訪小組進行訪問的時候，馬雲昌接了不少詢問店址、店內消費額度與菜單種類的電話，只聽到他嘴裡不斷重複「HALAL、HALAL」，細問後，我們才知道回教徒認為血液是不乾淨的，屠宰牛羊的過程中一定要默唸可蘭經，化解污穢。這種唸過經的肉類，就叫做「HALAL」，目前台灣只有一家東門市場的林姓進口商代理這種肉類。回教世界的客人非「HALAL」不吃。馬雲昌特別將「HALAL」的證書影印，放在櫃臺上，讓回教國家來的客人吃得安心。

昌夫婦就住在餐廳後面的房間，假日的時候才會回中壢老家探視父母、小孩。這家店的租金一個月為五萬五千元，佔「昆明園」整個月營業額的七分之一，馬雲昌認為這樣的價位還可以負擔得起，雖然餐廳位置稍微偏僻一些，但是整體營收不受影響。當問到會不會考慮換地點的問題，馬雲昌的態度顯得保守，他認為復興北路的地點不會太差，至於搬移的問題，並沒有仔細思考過。

■■ 成 本 控 制 ■■■■

受911事件與風災的影響，人事費用能省則省。

「911」恐怖事件攻擊的發生，對「昆明園」打擊不小，原本來台從事貿易工作的外國人，尤其來自回教世界的客人，「一下子都不見了！不知道跑哪裡去了！」馬雲昌顯得焦躁，「尤其去年接連幾次的大颱風，更讓餐廳生意跌到谷底。」

納莉風災台北市受創嚴重，餐

廳生意大受影響。由於食材的必要成本無法節省，馬雲昌只好辭退兩位員工，減低負擔。目前「昆明園」只剩下馬雲昌夫婦二人以及一位歐巴桑，「不過今年過年之後，景氣似乎好了一點。」以目前的人力調度情形，只能說是剛剛好，夫妻二人誰都不能請假，否則情況必然失控。

■■口味特色■■■■■

改良式回教美食，適合台灣人口味。

　回教飲食的禁忌眾多，除了前述要使用「HALAL」的肉類外，又因為回教徒不能喝酒，因此在料理時亦然。目前在台灣的回教餐廳，都是回教徒親自掌業，全台大約不超過十家。而菜色又因回教徒區域性不同而有分別，目前在台灣以雲南、緬甸、印度、中東為回教美食的主要路線，其中又以雲南、滇緬為大宗。

　由於回教美食只有統一的飲食禁忌，並沒有統一性口味，全依地域而變，就如同來到台灣的雲南、滇緬回教料理，口味現在也愈來愈「入境隨俗」。

　純粹的緬甸菜其實是印度菜和泰國菜的混合，偏重香料的使用，不過卻沒有辛辣的口感，整體而言雖然屬於重口味，但卻能夠符合台灣人的要求，而且部分的菜餚有點酸酸的滋味，下飯又開胃。一般

穆沙卡、咖哩豆與辣醬蝦，是昆明園的三道招牌菜色。

昆明園

以咖哩和白飯為主；著名菜色有牛排（肉質很硬）、Sibyan（以蝦醬烹調的菜）、Balachaung（以洋蔥、小辣椒、蒜、番茄等調製的開胃菜）等。

而在「昆明園」裡面，則能夠品嚐到來自包括雲南、緬甸、印度、巴基斯坦、土耳其等地，以及中東與東南亞一帶回教世界的美食。馬雲昌相當有自信的表示：「我這家店，除了裝潢比不上五星級飯店，就食物而言絕對不差。」

馬雲昌的信心當然不是吹牛的。根據觀察，許多附近外商公司的大老闆，在用慣大飯店油膩膩的食物之後，還是最愛「昆明園」。用最簡單的話語來形容「昆明園」的菜餚，可以說正宗道地，尤其又使用了來自緬甸當地的香料，也是其他地方所不易嚐到的。

所有的餅皮都由老闆親自製作，從捏麵糰到桿麵皮，足以見識到老闆不凡的功力。

店內的主餐包括椰汁雞、辣羊排、布來亞尼飯(印度長米飯)、甘藍咖哩等，小吃類包括samosas（炸水餃）及炸雞塊。在餐後，還可以點上一杯印度奶茶，或是大嘿(Dahee，即原味優格)。每一樣美食都令人回味無窮。

■■■ 客層調查 ■■■■

客戶來自全世界，影視明星、主播也都是座上賓。

「昆明園」還有一項特殊的習慣。馬雲昌把所有來自不同國家的客人代表的國旗一一掛在店門口，累積到現在，大約總共有三、

四十個國家的國旗。馬雲昌算了算：「『昆明園』的客層，本地人與外國人各佔一半，外國人以來自中東地區的爲大部分，但是歐美的客人也不少。」

來自緬甸的香料，放在桶子裡面的，已經是馬雲昌調製完成的香料，只待使用研磨機磨成粉即可入菜。

馬雲昌進一步說明：「台灣人對外國食物的接納程度很高，對於我做的菜餚，也都很能接受。」馬雲昌透露，甚至連李濤夫婦、張小燕，以及其他演藝圈、傳播界的名人，也曾光臨「昆明園」，可見他做的料理確實受到名人與老饕的肯定。

■■ 未來計畫 ■■■■

事業營運穩定、家人平安快樂是最大願望。

從經營第一家開在世貿附近的餐廳開始，馬雲昌就非常清楚的知道自己要的是什麼。年輕的時候換過不少工作的他，卻在餐飲業找到一片天空。雖然曾經在敦南店摔過一跤，上百萬的老本通通虧光，馬雲昌卻更堅定餐飲這條路是終身的選擇。

目前「昆明園」的營運尚稱穩定，他只期待整體大環境能夠盡快復甦，讓台灣的客人與外國客人，都能一嚐他拿手的緬甸與印度料理。另一方面，馬雲昌希望他與妻子能生活得快快樂樂，把孩子平安拉拔長大，小倆口足以溫飽，那就是最大的幸福了。

馬雲昌夫妻情深，他非常感謝太太與他一同度過生命中最落魄的時光。

創業數據一覽表

項　　目	說　　明	備　　註
創業年數	10年	前後換過三個店址，這是包括世貿店、敦南店的店齡在內。
坪數	40坪	包括用餐區、廚房，座位數大約為40個。
租金	5萬5千元	
人手數目	3人	老闆與妻子親自下場，再聘請一名歐巴桑，月薪兩萬元。
平均每日來客數目	50人	每人平均消費300元
平均每月進貨成本	15萬元	
平均每月營業額	38萬元到45萬元	
平均每月淨利	15萬元到22萬元	

成功有撇步

　　曾經遭遇挫折的馬雲昌，呼籲想要投身餐飲界的朋友千萬把握住「謹慎為上」的原則，不可像他當初無限制的投資購買設備。「不要以為看起來花費不大，實際上這買一點，那買一點，加起來就很可觀。」馬雲昌建議剛開店的時候，餐具不要一次買足，「視營業情況，快不敷使用的時候再買，否則一下子買太多，如果用不到，豈不浪費。」

　　馬雲昌認為廚房的事情最好事必躬親，能夠自己來的，就不要假手他人。馬雲昌根據他的開店心得指出：「我實在不知道如果小型經營的餐廳如果還聘請廚師，他們到底還能賺什麼？因為通常領有執照或有經驗的廚師價錢都不便宜。」「昆明園」的烹飪工作由馬雲昌的太太負責，菜餚要出場之前，馬雲昌絕對會親自檢視每一道菜，希望每一道送出去的菜餚在品質上都有一定的水準，不管是賣相或者是味道都要是最佳的狀態。

穆 沙 卡

作法大公開

★材料說明

　　以店內的招牌菜穆沙卡(Musakka，即茄子燴牛肉)為例，口味嚐起來酸酸甜甜的，尤其大塊的青椒、茄子纖維質十足，非常符合健康的要求。而剁碎的牛肉醬可以發揮拌飯的功能，也可以當作主菜，品嚐起來非常下飯。

項　目	所需份量	價　格	備　註
茄子	一根	市價	切塊的時候保留分外皮，兼顧口感與美觀。
青椒	一個	1公斤15元	切塊，大小適中。
蕃茄	一個	1公斤20元	切塊，大小適中。
牛肉醬	約兩百公克	牛肉1公斤80元	剁碎，混合蕃茄做成醬泥。
植物性奶油	約五十公克	植物性奶油一瓶100元	

★製作方式

1 前製處理

　　這道菜需要先將牛肉醬準備好，而「昆明園」的牛肉醬都是事先做好的。將「HALAL」牛肉用機器攪拌成肉末，加入一茶匙份量的糖與鹽巴。這道菜中蕃茄是重要的配角。將蕃茄放在水中煮三分鐘左右，讓蕃茄熟爛。之後將牛肉與蕃茄的比例為3：1一起綜合調味，如此一來牛肉醬的口感會更佳。

2 製作步驟

1 放入切好的茄子。因為茄子會吸油，不必炸的過熟，表皮顯出一點黃色後，就可以撈起瀝乾。

2 把過多的油倒掉，放入青椒，稍微炸一下。

3 撈起青椒後，放入蕃茄，加一茶匙的清水，少許鹽巴，炒爛一點。

4 在茄子上面淋上事先做好的牛肉醬。

5 將茄子舖置周邊，再依序放上火紅的蕃茄、豔綠的青椒。

6　再淋上白色的優酪乳後，會使肉質鮮甜細嫩。別忘了要搭配手工現做餅皮一起食用，口感更佳哦！

在家DIY小技巧

　　目前市面上販賣不同口味的咖哩粉或者香料，大多已經研磨成粉，所以消費者只要買回家，按照食譜說明都可以知道用法。不過切忌用量不要太多，不然那股辛辣的重口味，保證讓你受不了。

美　見　證

　　很喜歡來「昆明園」吃飯，老闆用料非常實在，雖然我們沒有去過緬甸，不過我想老闆的廚藝，絕對與緬甸當地的大廚一樣厲害吧！另外，這裡的優酪乳，喝了養顏美容又健康，大家一定要來試一試。

Lance Gura (32歲，美語老師)，
Lyndon Punt (41歲，美語老師)

度小月系列‧【異國美食篇】　107
Money 6

獨家祕方

「昆明園」的廚房裡放置了將近十幾個五顏六色的小罐子，馬雲昌非常神秘的告訴我們，這就是「昆明園」的秘密武器。進一步詢問，馬雲昌終於透露，這些都是來自緬甸的香料，研磨成粉後，按照比例調配。至於比例，「哈哈！不方便透露。」馬雲昌笑著說，「要吃就來找我啊」。

事實上，根據編輯部的調查，善於使用香料的回教民族，每個人對於調配香料都有不同的見解與配方，因為所謂的「香料」只是一個「集合名詞」，它包含了數十種以上各式各樣的不同種類的香料，八角、花椒只是被廣為人知的其中一種。「昆明園」當然也是「玩弄」香料的箇中高手，讓這裡的料理充滿讓人激賞的感動，不過卻不必擔心辛辣的問題。

回教美食小常識

為什麼回教徒只吃「HALAL」？

其實，回教食物並不特別，唯一獨特的是料理禁忌，如中國人有些料理愛加點米酒，但是回教徒因不能喝酒，料理時就要格外小心，避開使用。回教教義的嚴謹，從他們的食物禁忌就能略窺一二，不吃豬肉、不喝酒，只食用以回教習俗屠宰的「食草反芻類」牲畜。

忠誠的回教徒只吃「處理」過的牲畜，所謂的「處理」，嚴格說就是由教內負責宰殺牲畜的教長執刀，宰殺過程還要口念特定阿拉伯經文，並將牲畜徹底放血才能料理。

因為回教認為血是髒物，動物獸性盡在其中，因此宰殺過程一定把血放乾淨，並念經文，經過如此嚴謹處理的肉類，這種肉就是所謂的「HALAL」。回教徒才能食用，而這也是回教餐廳在台少之又少的原因。

豪俐鐵板沙威瑪

中東式的麥當勞
改良式的鐵板新吃法
小巧玲瓏卻五臟俱全
雞羊豬牛任君挑選

豪俐鐵板沙威瑪

土耳其 ☪

加盟店(從1、2坪至50坪不等)

台北縣淡水鎮知行路319號

(02)2283-3896

15:00~21:00

15萬元

8千元到1萬元

在所有的異國風味小吃當中，來自土耳其的沙威瑪，絕對是最早為國人認識與接受的。大家對這樣的景象一定非常熟悉：一根長長的鐵條上面，附著層層疊疊的肉塊，老闆不時在上面塗抹油汁，當客人需要的時候，再以刀片肉，迅速將碎肉塞入好的麵包中，不消三、五分鐘，就可以完成一份誘人的沙威瑪。

豪俐新型態的餐車，鮮豔的顏色非常搶眼。作為一個成功的連鎖企業，讓人印象深刻的企業識別標誌是必須的。

不過沙威瑪的知名品牌「豪俐鐵板沙威瑪」，卻發現傳統的作法固然已經為大多數人所熟悉，但是仔細分析，卻隱藏不少致命的缺點。因此「豪俐鐵板沙威瑪」的創辦人彭國忠與許嘉真夫婦二人，腦筋一轉，將傳統的沙威瑪改成鐵板燒的形式，一方面保留了沙威瑪的風味，一方面摒除傳統作法導致的不衛生，也豐富了原本單調的口味。

心路歷程

從大度路左轉知行路，前行往關渡宮方向，不消多久，遠遠就看到四十四年次的老闆王天賜，正在打理店面開張的工作。

「中年轉業最需要的就是信心與毅力，從頭來過的決心一刻都不能鬆懈，豪俐讓我創業之路更加平穩而成功。」

王天賜的店面是「豪俐鐵板沙威瑪」推出新形象識別標誌之後，第一批加入的加盟主，他每天下午三點，準時將餐車推出來，在自家住宅前面擺攤。和王天賜一起打拼的，是他結婚多年的妻子。王天賜不好意思的表示，現在有小孩了，所以沒辦法一天到晚都做生意，頂多下午開店，大約晚上九點左右就收攤，平常

老闆、老闆娘‧王天賜、王太太

他們夫婦二人做生意的時候，小孩子就交給其他親戚代為照顧，有的時候也會帶在身邊。

一年多以前，王天賜原本還服務於專門從事五金進口的貿易公司，但是隨著景氣越來越差，公司老闆祭出減薪的要求。王天賜表示：「雖然覺得不合理，但是總比完全沒有收入好。」在考慮共體時艱、希望和老闆一起度過難關的前提下，王天賜勉為其難接受減薪。漸漸的，他發現情形不僅沒有好轉，老闆甚至把剛約聘滿一年的員工任意資遣。「因為工作時間超過一年，就要替員工加薪」。

家庭負擔不小的王天賜，實在無法靠降低的薪資養活家人，正好公司裡面許多的員工跳出來自己開店，成績還不錯。有了可以遵循的例子，王天賜立下決心，和老婆一起參考比較過多家加盟業者之後，便毅然決然地加入「豪俐鐵板沙威瑪」，在淡水地區賣起沙威瑪。

經營狀況

命名

沙威瑪是中東國家的主食，以烤羊肉夾在麵包中食用。

什麼是沙威瑪(Saweima)？這是土耳其人的日常主食之一，當地飲食文化是以燒烤為主，而沙威瑪便是以小羊腿肉拌上特製的香料，再慢慢施以小火烹烤而成，並夾在麵包中食用。有心人士十年前從中東引進台灣，隨即成為廣受歡迎的小吃。不少從中東來台謀生的外國人，乾脆一同加入販賣沙威瑪的行列，讓這份小吃更有代表性。

剛開始的時候，沙威瑪獨特的料理方式確實吸引不少顧客，後來進入這行的廠商為了市場區隔以及改善缺點，於是調整料理方式。其中，一九九四年十月創辦的「豪俐鐵板沙威瑪」已經成為沙威瑪界的權威。其獨特的食材與料理技術，讓同業望其項背。目前「豪俐鐵板沙威瑪」在全省擁有超過六百家的加盟店，遍佈各大夜市、商圈，規模相當龐大。

地點選擇

在住商混合區以餐車方式經營。

現任青輔會婦女創業諮詢顧問，也是「豪俐鐵板沙威瑪」的副總經理許嘉真強調，雖然餐飲業進入門檻低、毛利高，但是最重要的是要全心投入經營，不可抱著隨遇而安的心態。她鼓勵新入行的人應該量力而為，不要好高騖遠，一開始就經營大坪數、管理複雜的餐廳。許嘉真建議，不論加盟主或者打算自己創業的人，都應該

先從小店累積經驗，再一步步擴充。

經過多年實際店頭營運調整，「豪俐鐵板沙威瑪」建立不同商圈經營的know-how，尤其擅長餐車經營的撇步，例如在一定的範圍不會有第二家「豪俐鐵板沙威瑪」出現，確保加盟主權益。雖然店面與餐車地點由加盟主自行尋點，但是總部會給予開店地點條件評核，以及保障商圈規劃。

以淡水知行路上，王天賜開設的「豪俐鐵板沙威瑪餐車」為例，它位於前往關渡宮的必經要道，周遭又是住商混合區，不遠處還有一個傳統市場，附近小吃攤也不少；更難得的是，這一帶完全沒有販賣沙威瑪的店家。王天賜看中這一

豪俐的產品，酥皮濃湯加上現炒的沙威瑪，吃起來夠味份量也足。

餐車不佔空間，且可利用自家空地經營，節省租金。

「豪俐鐵板沙威瑪」的副總經理許嘉真表示，目前「豪俐鐵板沙威瑪」體系下的加盟經營型態分為三種：「豪俐鐵板焗烤美食主題館」，坪數為二十坪到五十坪；「豪俐沙威瑪鐵板美食專賣店」，約需五坪到十坪的空間；「豪俐鐵板沙威瑪餐車」，只要一坪到兩坪。

以加盟門檻最低的餐車為例，由於移動方便、體積不大，相對而言，所需要的空間自然也就沒什麼限制。像是淡水王天賜的店面就是利用自家用地，仔細一算，一個月將可以節省三到四萬元的房租，對增加營收的幫助可謂不小；況且以外帶服務為主的餐車，並不太需要裝潢美觀，甚至佔地過大的店面。

而「豪俐鐵板焗烤美食主題館」店面地點選擇則有兩種途徑，一為加盟主自行尋找，由總部進行評估調查；另一為委託總部代尋，並且會同業主確認。

豪俐鐵板沙威瑪

烹飪配備就像手機，有簡配也有全配，端看加盟主需要。

　　經營類型分為三種的「豪俐鐵板沙威瑪」，隨著店面規模的不同，基本的配備當然也就不一樣，例如鐵板沙威瑪餐車只需要簡單的烤台當作烹飪工具，但是沙威瑪鐵板美食專賣店、以及鐵板焗烤美食主題館，因為已經具備大型連鎖餐廳的規模，所以相關設備上也就更為瑣碎。

　　單從餐車的角度來看，除了車台之外，「豪俐鐵板沙威瑪」總部還會提供加盟主燈箱、烤台、冰櫃、保溫箱等基本配件，並且視加盟主需要，另外供應冰砂機等附加設備，這一部份將酌付費用。副總經理許嘉真解釋：「就好像手機一樣，有簡配也有全配，就看加盟主的需求了。」

　　以王天賜而言，由於他尚須騰出時間照顧家庭，無法兼顧太多樣產品的製造，因此他的餐車只有簡單的烤台，以及製作酥皮濃湯的相關設備。至於冰砂，甚至比薩等其他理應具備的產品製作工具，則暫時省略，目前並不考慮增設。

點，於是利用自家住宅，隔出一小塊空地，便做起買賣。礙於諸多因素，縱使王天賜每天工作時數不長，但是收入仍在水準之上。

■■ 食材 ■■■■■

新鮮現炒加上特級醬汁，所有產品符合健康概念。

　　以「創新鐵板新吃法，新鮮美味吃得到」為職志，「豪俐鐵板沙威瑪」將高級餐廳供應的餐點，重新研發並且簡化步驟，讓顧客以平價的水準，便能享受五星級飯店水準的餐點。

　　正統的沙威瑪是以羊肉或小牛肉串起來以炭火烤熟，尤其對於土耳其人而言，麵包夾羊肉更是道地的沙威瑪，又因為嗜吃羊肉要淨口，因而會佐以各種酸味小黃瓜。但目前在台灣的沙威瑪，為迎合國人的不同口味，也會加入雞肉做為主要材料。

　　許嘉真表示，「豪俐鐵板沙威瑪」採用來自美國、紐西蘭、澳洲等地，符合CAS、GMP品質要求的

優良肉類為主要食材，加上特級醬汁，新鮮現炒。「豪俐鐵板沙威瑪」所有的產品均符合健康概念，絕對不添加任何化學物質、嫩精、甚至木瓜粉，以保障消費者飲食的權利。

至於這些特級食材全部由總部以急速冷凍的方式，統一配送至各個加盟主手上。根據研究，在零下十八度冷凍的肉類，將可以保存一到兩年。解凍後，在冷藏的情形下，依然可以維持一個禮拜的新鮮度。

酥皮濃湯，製作方法簡單，在一般食物材料行也可以買到微波之後酥脆爽口的酥皮原料。

■■ 成 本 控 制 ■■■■■■

五成以上的高淨利，原因在於大量進貨壓低成本。

王天賜估算每日肉品的消耗量，大約兩個禮拜向總部進貨一次即可，約花費八萬元。而其他新鮮的食材，例如蔬菜，王天賜則就近在傳統市場購買，大約每個禮拜買進適當的用量，花費控制在兩萬元之內。扣除食材成本，「豪俐鐵板沙威瑪」依然能夠維持五成以上的利潤。

這樣的高獲利，著實羨煞不少苦無頭路的失業族。窺探其中奧妙，大宗購買絕對是「豪俐鐵板沙威瑪」壓低成本的不二法門。透過總部向廠商進貨，將可以省去加盟主不小的購買成本，同時全省統一配送的措施，也讓食材品質獲得保障。

減低耗損也是降低成本的方法之一，基本上只要加盟主注意肉類的保鮮，拿捏好每天的用量，適量解凍，嚴格來說，就不會增加不必要的耗費。其他諸如蕃茄醬、洋蔥、青菜等，放置於室溫之下也不易變質。但是特別說明一點，酥皮濃湯受限於口感的要求，最好在製作完成後儘快賣出，不宜囤積太多，否則會影響風味。

豪俐鐵板沙威瑪

■■口味特色■■■■■

現炒香味四溢，多種口味讓消費者抵擋不住誘惑。

　　有鑑於傳統沙威瑪製作上的缺失，諸如一條鐵架上只能放一種口味的肉類，缺乏變化；而且用紅外線燒烤的肉類如果無法一次賣完，將滋生細菌，產生變質等問題。因此「豪俐鐵板沙威瑪」決心突破舊有的限制，將源自中東的沙威瑪結合中國人最愛的鐵板燒，直接把絞肉放在鐵板上料理。

　　許嘉真發現，台灣人相當喜歡快炒的食物，尤其炒肉的過程中，聲音吱吱作響、香味四溢，更是讓人抵擋不住。「豪俐鐵板沙威瑪」就是以現場製作以保有原味多汁，而且肉品種類眾多，舉凡雞、牛、豬、羊、花枝...等，顧客可依喜好選擇，口味則依照不同季節推出咖哩、黑胡椒、芥末、麻辣、蒜味及起士六種，足以提供消費者更多元的選擇。經過實際操作，證實「豪俐鐵板沙威瑪」的確抓住了消費者的心理。

　　突破舊有作法的限制之後，「豪俐鐵板沙威瑪」將肉品種類延伸為豬肉、牛肉、羊肉、雞肉四種，其餘週邊產品的開發更是不遺餘力。以酥皮濃湯為例，「豪俐」將含有馬鈴薯等配料的濃湯倒進杯中之後，以特製的酥皮封住杯蓋，放進微波爐兩分鐘，不僅鮮濃味美，且省事方便。

■■客層調查■■■■

鄰近學校與住家，學生是最大顧客群，週末遊客也不少。

　　店面位居淡水往關渡宮的要道，每逢週末假日

潔白的燈箱簡潔易懂，最容易吸引顧客。

遊客眾多，往往替王天賜帶來可觀的來店客數。加上附近住宅區林立，也有不少家庭成員把沙威瑪當作零食一般的消費。此外，周遭的藝術學院、光武工專等學校，也會有許多學生客人。雖然店面不大，營業時間不長，不過一天平均一百到一百五十位客人，仍然讓王天賜夫婦二人忙得非常充實。

■■ 未 來 計 畫 ■■■

信心與毅力，讓王天競繼續走下去。

　　王天賜從失業之後，到經營「豪俐鐵板沙威瑪」，他深深體會到吃人頭路還不如靠自己的道理。當親朋好友問到，難道他不會覺得工廠做慣了，現在自己出來做生意，在心態上很難調整嗎？王天賜笑著回答：「還不都是工作，都是要靠勞力，沒什麼不同啊！」相較於其他中年轉業的族群，王天賜對自己有莫大的信心。

　　目前沙威瑪的生意進行得很順利，王天賜相當感謝老鄰居們的支持、捧場。他希望這一波的不景氣能夠快點度過；全家人的生活能在「豪俐鐵板沙威瑪」的輔導幫助之下，無憂而且自給自足，這就是王天賜最大的希望！

創 業 數 據 一 覽 表

項　　目	說　　明	備　　註
創業年數	1年	
坪數	1坪	
租金	無	店面自有
人手數目	2人	夫妻二人
平均每日來客數目	100至150人	假日較旺
平均每月進貨成本	10萬元	
平均每月營業額	27萬元	
平均每月淨利	17萬元	

　　「豪俐鐵板沙威瑪」的副總經理許嘉眞提醒想要創業的朋友，創業本來就有風險，所以就算加入「豪俐」，也無法保證就一定會成功，唯有全心投入、不斷努力，才能眞正確保降低風險、提高獲利。其次，餐飲服務業乃屬於體力負荷較大的行業，每天可能必須投入將近九個小時工作，創業的朋友必須先考量自己的體力能否應付的來。

　　第三，總部對各加盟店的約束管理要求較多，加盟主沒有太多的發揮空間以及主控權，在總部才是眞正老闆的情形下，創業者能否接受總部指導，這也是很重要的條件之一。最後，小吃業的淨利其實是一點一滴累積的，無法像高科技產業，能夠在短時間獲利。所以創業者尤其需要長期平穩的經營，如果只是抱著短期操作的想法，許嘉眞奉勸這樣的人最好還是另謀高就。

　　王天賜則認爲，從事小吃攤的行業最要不得的就是自尊心作崇，像他以一個中年轉業者的身份從新出發，目前也做的有聲有色，絲毫不輸過去在工廠工作的日子，「還不都是憑勞力工作，有什麼不同！」王天賜如此告誡因爲自尊心太重而不敢踏進這一行的朋友。

★ ★ ★ ★ ★ 豪俐沙威瑪加盟條件 ★ ★ ★ ★ ★

加盟金	7萬
保證金	免
月費	免
裝潢費	無
車台及設備費用	8萬元
拆帳方式	利潤歸加盟者，唯須向總公司訂貨
創業準備金	約5萬 (未含租、押金)
月營業額	16至36萬(依地點及工作時數而有所不同)
回本期	2至3個月

鐵板沙威瑪

作法大公開

★材料說明

解凍後的肉類必須注意保存,解凍後,在冷藏的情形下,依然可以維持一個禮拜的新鮮度。

項 目	所需份量	價 格	備 註
牛肉	100公克	1公斤70元	還有雞、羊、豬肉等口味
洋蔥	25公克	1公斤30元	
胡椒	少許	1瓶15元	依客人要求添加
蕃茄醬	少許	1瓶40元	依客人要求添加
麵包	一個	1個5元	

★製作方式

1 前製處理

　　零下十八度保存的肉類，必須前一晚就拿出來解凍，解凍後的肉類，在冷藏的情形下在一、兩天之內就要消耗完畢。

2 製作步驟

1 熱鍋，倒入少許沙拉油。

2 將適當的牛肉放在烤台上，慢慢煎熟。依肉類不同，烹飪時間也不同。牛肉大約控制在一、兩分鐘之內最佳，雞肉與豬肉因為必須全熟才能吃，因此大約烤上三分鐘左右。

豪俐鐵板沙威瑪

3 約一分鐘之後，放入洋蔥爆香，不宜熱炒過久，大約20秒就好，以免洋蔥太軟而失去清脆的咬勁。

4 加入適當的胡椒佐料。

5 將一旁的麵包放在烤台上預熱約20秒，再加入生菜，然後在麵包上淋上蕃茄沙拉醬，更添風味。

將炒好的牛肉放
6 在麵包裡面。

大家一定會對擺在料理台
上一瓶粉紅色的醬料感到非常好
奇，不消說它就是豪俐的秘密武
器。這種由蕃茄沙拉醬的口感介
於千島醬與蕃茄醬之間，滋味相
當不錯。許嘉眞透露，還有其他
特調的醬料將會陸續推出，以應
消費者的需求。

豪俐鐵板沙威瑪

美味見證

許耀宗(26歲，外務)

我的朋友就讀藝術學
院，週末假日我來找他的
時候，一定會來「豪俐」
報到。沙威瑪熱量不高，
份量又夠，吃了也不怕
胖。

7 一份美味可口的
沙威瑪完成品。

　　準備漢堡包一個(麵包店都可以買的到)、平底煎鍋一個,依照上述製作步驟如法炮製,在家一樣可以品嚐到美味的沙威瑪。

沙威瑪小常識

綜觀古今中外的「沙威瑪」

　　看過金庸筆下韋小寶遠征羅剎國的精彩情節嗎?當時韋小寶讚不絕口的「沙士力克」,據說就是烤肉串,也就是現在的沙威瑪。這是從喬治亞來的佳肴。有牛肉、雞肉、豬肉等各種口味,配上洋蔥、青椒和甜辣醬等一起享用,對於喜愛大塊吃肉的老饕而言,一定可以滿足口腹之慾。

　　這種中東來的沙威瑪,除了在台灣,在俄羅斯也可見到。不過有趣的是,俄國的沙威瑪和台灣本土的沙威瑪可是大異其趣;我們常吃的沙威瑪通常是用麵包來夾肉,俄國的則不用麵包,而是用一種厚厚的白麵皮,並在肉中摻上蕃茄、小黃瓜、洋蔥、美乃滋等。

三丸子

韓日料理同樣拿手
哈韓風讓韓食更領風騷
手工泡菜美味帶勁
原味辣味隨客便

三丸子

✌ 韓國 （也兼賣日本料理）

⌂ 台北市士林區文林路110巷7號

∅ (02)2889-1256

⊘ 9：30~21：00

💱 30萬元

$ 2萬

近一、兩年來拜韓劇所賜，讓哈韓風蔚為主流。不但打開電視盡是韓劇，甚至連食物料理也要跟韓式風味有關。不過流行是短暫的，紮實好吃的料理才是永遠的。

乍聽到「三丸子」這個小吃店名，可能會讓人聯想到日本料理，因為丸子三兄弟與小丸子都是日本家喻戶曉的卡通人物；而這家「三丸子」，雖然賣日本料理，但一些韓式美食同樣也是老闆的拿手好菜。因此日、韓口味的美味小吃都是本店的主力料理。

老闆與老闆娘是一對待人親切的老夫妻，歷經攤販、餐車等不同的經營模式，秉持著對餐飲的熱愛，在兩人都已超過六十歲高齡之後，決定捨棄在家享清福的平淡日子，重操舊業，再度以開餐廳為業。夫妻兩人其實也沒有經濟壓力，只是在兒孫長大之後，發現窩在家實在無趣，所以在士林夜市附近了一個店面，專門做學生的生意。

「三丸子日式美食」的店景，招牌清楚乾淨，還有餐點的彩圖可以參考。

因為以學生族群為主要客戶，因此採取低價位行銷，一年多以來，生意蒸蒸日上，夫妻二人越做越帶勁！他們希望能夠以自己對餐飲的喜愛，帶給消費者們極佳的享受，縱使價位不高，裝潢樸素，但是料實在又好吃，這是開店最重要的事情。從老闆夫婦身上，我們看到的是一個忠於事業、堅持信仰的極佳典範。

心路歷程

老闆楊建武六十五歲，老闆娘楊陳月霞六十三歲，夫婦二人結褵超過四十多年。他們經營過的小吃，就跟他們的年齡一樣，項目眾多而且歷史悠久。目前士林夜市的這家店面，是二老結束多年餐車以及攤販生涯之後，第一家最正式的店面。在此之前，楊家夫婦二人賣過羊肉爐，也做過豬腸冬粉等台灣式的小吃。那個時候夫妻二人就開者一輛小發財車，像是遊牧民族一樣四處叫賣，活動範圍大約在錦州街以及南港科學園區之間。

做著做著便逐漸建立良好的口碑，許多初來的客人也會漸漸變成忠實客戶。不過俗話說：「人善遭人嫉、馬善遭人騎」，一些同業看不慣楊氏夫妻沒有交店租，生意卻那麼好，於是漸漸的排斥他們。而不定時出現的警察、一張又一張的罰單，終於讓他們興起承租一個固定店面的想法。

在因緣巧合下，老闆楊建武偶爾經過士林夜市，發現目前的店面正在招租，回家與妻子楊陳月霞討論過後，決定將事業的重心搬移到這裡，重新開創另一番事業版圖。其實以楊氏夫妻二人的年紀，早就可以在家貽養天年，但是因為台灣人特有的勤奮個性，習慣勞動的他們，根本受不了待在家中什麼事情都不做。

夫妻二人的想法是這樣的：既然從事餐飲業那麼久，本身對美食也相當喜歡，所謂勞動養生，繼續做生意也好。於是別人是中年創業，他們二人卻在六十歲的高齡，展開事業的另一塊版圖。

「日式、韓式美食我們都拿手，尤其是手工親做的泡菜，歡迎老饕前來嚐嚐。」

老闆・老闆娘
楊建武、楊陳月霞夫婦

經營狀況

老闆四處旅行的時候，蒐集而來的寶貝，因為開店需要，直接拿來做裝潢。

▓▓ 命名 ▓▓▓▓▓▓

起因於卡通的可愛形象與長久的哈日心情。

　　本店的正式全名是：「三丸子日式美食」，顧名思義，店內應該以提供日式餐點為大宗，不過實際上卻不是如此。雖然本店的日式豬排咖哩飯、鮭魚海苔飯雖屬佳作，但是麻辣豆腐鍋、韓式鍋燒麵、韓式泡菜鍋等韓國料理，同樣為老闆拿手的私房菜。

　　至於以日本風格強烈的「三丸子」為名，一方面考慮到卡通三丸子鮮明可愛的形象，相當活潑；另一方面由於老闆小時候受過日本教育，直到現在，夫婦二人依然不定期到日本旅遊，在感情上與日本有不解之緣，所以決定以日本風格濃厚的詞句來命名。

▓▓ 地點選擇 ▓▓▓▓▓▓

隱身巷弄，卻是學生及上班族必經之路。

所有的餐點都走平價路線，大約七十元的價格，大家都能受。

　　士林夜市為全台北市最大的觀光夜市，每天來自全省各地的人潮，擠滿了以文林路為主的夜市周圍，其消費能力為士林夜市帶來驚人的營收。

　　「三丸子日式美食」的店址也是在黃金地段的文林路上，不過它卻委身於大馬路旁邊的巷子內。嚴格來說，如果只是想要吸引夜市的人潮，勢必無法如願，因位在巷弄中的店面，除非對該地有相當的熟悉程度，否則鮮少有人會特別往這

裡走。因此純粹就位置而言，巷弄中的生意，是無法與位於士林夜市裡的黃金區段相比擬的。

　　但是「三丸子日式美食」的情形並沒有那麼悲觀，因為店面所在的位置，是中山北路進入文林路士林夜市的必經巷道，包括捷運族、銘傳大學的學生，都會穿越這條最便捷的巷弄。雖然人數無法與士林夜市相比，但是經營得當的話，依舊可以吸引不少的客戶。

■■ 硬 體 設 備 ■■■■

開放式廚房，美味、清潔看得見。

　　「三丸子日式美食」門口就有一個料理區，不論飯類或是麵品都在此區完成，這種開放式廚房的觀念，讓客人對食物的新鮮以及清潔度都相當信任。在料理區中一字排開三個瓦斯爐，當老闆在烹飪食物的時候，溢出的香氣以及滾動的食物在味覺以及視覺上所造成的效

非最黃金的地段，租金相對比較低廉。

　　在士林夜市周遭的異國美食相當多，本書中介紹的就有「印度先生的甩餅」、「阿里八八的廚房」、「日船章魚燒」等三家，且上述店家的位置都在士林夜市內，坪數大約為三坪左右，每月租金都在五萬元以上。但是與它們不同的是，「三丸子日式美食」的位置沒有那麼優良，租金當然相對就比較低廉，以本店近二十坪的店面來說(包括料理區，總共有四十個位子)，每個月的租金居然只要三萬元！

　　老闆娘楊陳月霞表示：「原本在更前面的地方也有攤位，但是租金採取的是抽成制，我們賺多少他就抽多少，仔細一算，實在划不來。」因為以小吃攤經營者的角度而言，在生意穩定且差強人意的狀況下，隨著業績調動的抽成制，還不如每個月固定繳納租金，如此負擔較輕，也不會產生糾紛。

三丸子

老闆親自到異國找尋道地口味。

與大多數的餐飲業一樣，「三丸子日式美食」也是採取直接向材料批發商進貨，這樣的管道不僅方便，而且只要達到一定的數量、合作的時間久，也都可以獲得不錯的折扣。

其中最值得一提的，就是老闆楊建武先生為了尋找適當的配料，真的就像日本電視劇演的那樣，不惜千里跑到日本，就是為了尋找心目中的「夢幻逸品」！像是店裡面經常使用到的日式咖哩就是一例。

日本式的咖哩雖然源自於印度，不過日本人把原本辛辣、有怪味的咖哩，添加如奶油、甚至是水果等配料，讓整個咖哩呈現另外一番風味，品嚐起來還會有些甜味。老闆楊建武每個月會委託旅居日本的朋友，幫忙寄送日本當地最好的咖哩來台灣。

開放式的廚房讓客人可以清楚觀看料裡的過程，對於食物的新鮮與清潔度也能夠一目了然。

果，都有助於消費者食慾大開。

在二十坪的店面中，大約準備有將近四十個位子，空間相當寬敞。每到用餐時間，所有的位子通通坐滿，還有不少的人等待外賣。當問到既然空間還那麼充裕，為什麼不多加一些位子的時候，老闆楊建武表示：「太擠的話看起來不舒服，而且打掃也不方便。」的確，在舒適的環境中，一邊品嚐熱騰騰的韓式、日式料理，一邊看著電視，悠悠閒閒的享受一頓中餐或晚餐，的確比什麼都重要。

好吃的咖哩飯，記得正確的吃法是一口白飯沾一點咖哩，這樣才能吃出咖哩的美味喔！

■■ 成 本 控 制 ■■■■

便宜大碗的國民路線，吸引更多顧客上門。

　　細看「三丸子日式美食」的價目表，價錢最貴的醉雞飯也只不
過八十元，其餘料理的價錢介於五十元到七十元之間，屬於便宜又
大碗的國民路線。價格雖然便宜，但是用料卻不馬虎，除了日本原
裝進口的咖哩，不論雞腿或者豬排、蝦捲，其製作過程複雜，絕對
與一般市面上的口感不同！

　　老闆笑笑的表示：「一百元的東西我們大概進賺不到四十元！」
老闆娘在一旁答腔：「我們的定價低，但是食物成本高，不過沒關
係啦，我們就當半做運動、半在玩，只要客人喜歡吃我們的東西就
好了！」

　　根據觀察，「三丸子日式美食」的店面雖然有先天上的缺陷，

韓式鍋燒麵不添加味精、沒有化學成分，湯頭
的滋味應是要得。

但是相對的租金較低，業主的負
擔也少，而雖然「三丸子日式美
食」走的是平價路線，老闆經營
多年的老經驗也讓他們對成本的
拿捏頗有一套。薄利多銷的結
果，讓本店的業績營收絲毫不輸
士林夜市裡面的小吃攤！

■■ 口 味 特 色 ■■■■

泡菜鍋的美味與咖哩飯的香濃氣味，造就三丸子成為美
食天堂。

　　「三丸子日式美食」的招牌料理有二，分別是日式豬排咖哩飯
以及韓式鍋燒麵。

三丸子

豬排咖哩飯的豬排吃起來相當酥脆而不油膩，肉質鮮嫩，而且咬下去，肉汁填滿整個嘴巴的感覺，實在太幸福了！更重要的是，豬排肉質飽滿，不像其他店面一片豬排大約有一半都是麵粉糊。至於咖哩的部分，如同先前所述，完全採用日本進口的高級咖哩，濃郁芬芳、香甜夠勁，就算平常不敢吃咖哩的人，也很難抵擋它的誘惑！食用的時候，如果你將所有

牛奶燴飯也是店中的超人氣餐點，其中牛奶就是老闆遠從日本進口的。

的咖哩與白飯攪拌在一起，老闆一定會跳出來制止，因為最正確、最能品嚐出美味的吃法應該是一口白飯沾一點咖哩，這樣才能彰顯咖哩的滋味。

另一道招牌美食——韓式鍋燒麵，重點在於湯頭的滋味，不添加味精、沒有化學成分，口感硬是不一樣。而老闆的秘密武器——泡菜，也在這個時候上場。與一般韓式鍋燒麵不同的是，這裡的辣椒是你要吃多少才加多少，避免因為老闆個人的習慣，而影響消費者對辣味的接受程度。

■■ 客層調查 ■■

鄰近學校與捷運，加上夜市人潮不斷，培養出許多忠實主顧。

因為店面所在的位置與路人逛街的動線，「三丸子日式美食」吸引的是不同於士林夜市的另一群消費者。由於鄰近淡水線捷運以及中山北路，客源主要以銘傳大學的學生以及捷運族為主，士林夜

市的遊客爲輔。尤其在中午、傍晚的用餐時間，不論上班族或者學生族群，都會不約而同的來這裡用餐；如果店內的位子已經坐滿，他們也會很有默契的在附近閒逛一下，稍後再來用餐。正因爲老闆眼光獨到，採取低價平實路線，所以開店以來，已經培養出許多忠實的主顧。

老闆楊建武表示：「老一輩的人做生意比較實在，自己覺得好吃的才敢賣出去。」在這樣的信念下，如果客人特別喜歡他們的湯頭、配菜，老闆也不吝嗇多給一些。長久下來，站在客人的立場，當然很喜歡光臨「三丸子日式美食」了。

■■ 未 來 計 畫 ■■■■

把餐飲業當作使命，要做好吃餐點回饋消費者。

「做好吃的餐點給別人享用」，老闆楊建武、楊陳月霞夫婦已經把餐飲業當作一種使命，寧可放棄在家養老，也不願意放棄烹飪的工作。他們表示，現在年紀大了，除了基於興趣的原因之外，也不願意造成兒女的負擔，在目前生意過得去的情形下，他們倆老就遵循「勞動養生」的信條，一靜不如一動，反正店內的工作，他們體力尚能應付，「就把工作當消遣吧！」，他們愉快的說。

從年輕時代就一直從事餐飲業的楊氏夫妻，在落腳於士林之後，他們只有一個最大的希望，那就是：「只要還有一個客人認爲我們做的東西好吃，我們就會繼續努力下去！」

除了韓式鍋燒麵之外，咖哩豆腐鍋的特殊咖哩香味，也常常吸引顧客上門來品嚐，而且是吃過就難忘的好味道。

三丸子

創業數據一覽表

項　目	說　明	備　註
創業年數	2年	在士林夜市的開店時間，不包括楊氏夫婦之前的餐飲經驗。
坪數	20坪	
租金	3萬元	
人手數目	3人	除老闆夫妻二人之外，還有一個月薪2萬多元的歐巴桑
平均每日來客數目	100~200人	
平均每月進貨成本	20萬元	
平均每月營業額	60萬元	
平均每月淨利	35萬元	

成功有撇步

　　從台式小吃到日本、韓國的小吃，楊建武、楊陳月霞夫婦二人可以說是什麼料理都嘗試過了，在將近三十年的經歷中，他們深深體會到：「要對餐飲真的有很大的興趣，在這一行才做得久。」

　　楊氏夫婦二人總是會利用旅遊的機會，四處品嚐好吃的料理，而且在欣賞其他料理的同時，也不斷積極思考如何針對自己的缺點尋求突破，做出更上一層樓的料理。他們雖然賣的只是一般人不太在意的路邊攤，但是夫婦二人在小吃上投入的心思，卻一點也不輸飯館的大師父！

　　老闆楊建武同時也點出相當重要的一個觀念：「如果你做的東西自己都不喜歡吃，又要別人怎麼樣來接受呢！」這對炒短線、求功利的現代經營者而言，無疑不是一記當頭棒喝！

韓式鍋燒麵

作法大公開

韓式鍋燒麵材料，包括草蝦、豬肉、雞蛋、豆腐、泡菜、蛤蠣、魷魚。

★ 材料說明

　　泡菜則是韓式鍋燒麵的致勝秘笈，再加上精心熬製的湯頭，料好實在的美味，讓人吃過還想再吃。

項　　目	所 需 份 量	價　　格
烏龍麵	200公克	1包40元
草蝦	1隻	1公斤70元
豬肉	50公克	1公斤40元
雞蛋	1個	12顆裝20元
豆腐	1塊	1公斤15元

★ 製作方式

1 前製處理

　　一般人可能以為鍋燒麵的作法一定是先將麵條放進鍋內煮熟之後，其他的配料再依序放入，不過事實上並不是這樣。因為麵條煮熟的時間較短，而配料需要再多花些時間才能煮熟，因此要先把配料添加進去，尤其像是鮮蝦、豬肉等要花上一些時間煮熟的材料，更要預先煮好，最後才把麵條放進去。

韓式鍋燒麵使用的烏龍麵，在各個超級市場都可以買得到。

2 製作步驟

1 水煮開之後，放
　入豆腐燙熟。

2 依序將煮熟的草
　蝦、魷魚放進鍋
　內。

三丸子

3 添加適量辣椒、
鹽巴等調味料。

4 待水沸騰之後，
放入麵條。

5 打個蛋，增加營養。

6 最後將豬肉放進來，
但不宜煮太久以免肉
質變老變硬，會影響
口感，再加一些青
蔥，除了提味之外，
也是裝飾。

7 韓式鍋燒麵成
品，口味清淡，
不油不膩，完全
不添加味精，營
養與健康兼顧。

在家DIY小技巧

韓式鍋燒麵所使用的烏龍麵在
各個超級市場都可以買得到，通常
包裝當中也會附有辣椒粉等的配
料，依序將辣椒粉、鹽、胡椒等自
己喜歡的配料放入，然後再將新鮮
的蝦子、蛤蠣放進來煮熟，末了，
只要把麵煮熟之後，將蔬菜於最後
時微燙一下就完成了。

老闆娘認真的烹飪料理，以就像做
給自己小孩子的心情來完成每一份
餐點。

美 見 證

以前經過朋友的推薦，我發
現了這家不錯吃的小吃攤，老闆
對待客人相當友善，食物也很好
吃，大家一定要來試試喔！

陳律名(20歲，學生)

獨家祕方

　　「三丸子日式美食」的泡菜算是一絕，本身就很喜歡品嚐泡菜的老闆表示，這款泡菜是他精心研究多年的結果，口感脆而不爛，有股奇特的感覺，既沒有草腥味，也沒有添加過量的糖份，和一般臭豆腐使用的泡菜完全不同。至於美味的程度還是要消費者親自品嚐才最有感覺。本店的泡菜通通都是原味的，想要辣一點的話，老闆準備了辣椒醬，讓客人依照接受程度自行添加。

泡菜材料

項　　　目	所　需　份　量
大白菜	1磅
薑末	1湯匙
蒜末	1湯匙
蔥花	2湯匙
白芝麻	1茶匙
鹽	3湯匙
醬油	1湯匙
糖	1茶匙
麻油	1/2茶匙
紅辣椒粉	適量

泡菜作法

　　選擇表面沒有損傷的大白菜，將葉片整片摘下放在大的容器中，撒上鹽並且略為翻拌，讓每片菜葉都沾上鹽，靜置一個小時後，白菜葉片會變軟，再用清水沖淨表面的鹽，擠乾水份並將葉片撕成條狀備用。

　　在另一個大碗中放入其餘所有調味料，再將白菜葉放入拌勻，放入冰箱冷藏三小時即可食用。注意，視口味喜好酌量放入辣椒粉，以免做出太辣的韓國泡菜哦！

吃泡菜可以減肥?!

　　韓國人愛吃泡菜是出了名的,但是你知道吃泡菜也能減肥嗎?

　　韓國人為了在冬天仍能保存蔬菜,於是在醃製泡菜時便加入辣椒、蒜頭、薑及魚貝類的湯汁,這些用料在發酵過程中產生的成份,經過研究顯示,對減肥十分有效。其中主要是因為辣椒內含燃燒脂肪的Capsaisin成份,能提高身體代謝機能,防止脂肪囤積。當吃泡菜汗流浹背時,表示體內的脂肪正在燃燒。

　　另外,薑有助促進血液循環,而蒜頭具有加速心跳、擴張皮膚血管、維持體表溫度的功效。也就是說,即使是新陳代謝比較差、脂肪率較高的體質,只要多吃蒜頭和薑,也會提高新陳代謝效率,間接提昇辣椒的燃燒脂肪功效。

　　而魚貝類的湯汁與製作泡菜時所加入的乳酸菌一同發酵的結果,會乳酸桿菌,此成份能有效幫助整腸。

老闆特製的泡菜,雖然外表是紅色的,但是吃起來一點都不辣。

正宗馬來西亞咖哩雞

便宜又大碗的南洋風味
平實中讓人驚艷的炒飯
加上口感濃郁香味四溢的咖哩
成為學生們放學後的最佳選擇

正宗馬來西亞咖哩雞

「正宗馬來西亞咖哩雞」店景。這裡店面雖然小，但是客人都願意等，畢竟美食難尋，多等一下也值得。

🖐 馬來西亞 🇲🇾

🏠 台北市龍泉街17號

🚫 無

🕐 15：00~24：00

💰 10萬元

$ 6千元至8千元

位在東南亞的馬來西亞融合了多種族與多文化，該地的熱帶景觀吸引許多來自世界各地的旅客；而融合了華人、印度與當地馬來人的特殊料理，也如同它美麗的南洋景緻一樣讓人著迷。

熱情有勁的東南亞料理，對於台灣老饕而言可是一點也不陌生。一方面由於地緣的關係，許多當地人到台灣後，就近引進東南亞的美食，包括新加坡的海南雞飯、馬來西亞的肉骨茶等；另一方面由於台灣與東南亞一帶同屬亞熱帶的潮濕氣候，因此對於食物口味的要求也同以爽口下飯為主。所以對於來自東南亞的異國料理，台灣人自然多了一份親切感，接受度也就相對提高。

心路歷程

「使用馬來西亞原裝進口的香料，為我們的食物加分不少。」

老闆娘・張桂香

年紀五十多歲的張桂香，眉宇之間與知名的烹飪大師傅培梅有幾分神似。一臉和氣的她，在三十多度的高溫下，辛勤的忙上忙下，下午兩點不到就為「正宗馬來西亞咖哩雞」準備開張的工作，五年來一直如此。

年輕的時候，她與馬來西亞的華僑相戀，並且下嫁到當地。夫婿對她相當的照顧，夫妻兩人十分恩愛。那個時候，張桂香的先生在馬來西亞經營木材的生意。張桂香回憶著說：「我先生買下一整片林地，在山頭砍下木頭之後，就讓木材順著溪流而下，在下游的木材工廠加工，再賣到日本去。」因為經營有道，一家人的生活十分無憂無慮。張桂香形容那個時候的日子：「出入有轎車代步，家裡也有佣人打點。」

但是好景不長，一場席捲整個東南亞的金融風暴，讓原本訂單接不完的木材廠頓時倒閉，甚至還欠了一筆債。迫於無奈，年屆五十的張桂香與大她五、六歲的先生，只好帶著兩個孩子決定回到台灣，一切重新來過。

夫妻兩人商量之後，決定要從小吃經營作起。正宗南洋風味的咖哩雞是他們小吃攤的賣點。而後經過積極找點，選定了在師大夜市的攤位，從此夫婦倆開始過著與在馬來西亞時完全不同的生活。本來事事有佣人服侍的廠長夫人，卻成了一大早就得頂著豔陽天上街採買、還要做生意的路邊攤老闆娘。當中的轉折之大，張桂香承認自己著實是耗了好大一番功夫才將心態調整過來。

五年來，張桂香與先生憑藉著一股傲人的毅力，現在不僅利用路邊攤的收入把前債還清，而且還擁有兩家店面，並且累積了一些儲蓄，甚至在馬來西亞也重新買了一棟房子。

雜燴湯，以馬來西亞當地一種特殊醃漬過的水果為底，再加上豆腐、蔬菜、鴨頭等食材，小火慢熬一個小時而成。

經營狀況

■■命名■■■■■■

將產品簡潔明瞭的介紹給顧客是命名的不二法則。

　　敢把「正宗」這兩個字當作店名，足以證明老闆娘張桂香對自己產品的信心了。在馬來西亞多年，雖然家務事大多由佣人完成，不過張桂香依然學到了許多馬來西亞料理的製作。回到台灣，當然也就是她大展身手的最佳時機。

　　「正宗馬來西亞咖哩雞」沒有花俏的命名，張桂香認為，將產品清楚明瞭的告知消費者，其實就是最佳策略。她認為並沒有太多的考量，「簡單就是最好」。

　　所以在本店的招牌上，我們看到的便是一項項的產品名稱，沒有Logo、沒有強烈的色彩。在一片強調企業識別標誌與形象的潮流中，這樣的回歸傳統、不耍任何花招的方式，其實也是吸引客戶最有效的方法。

■■ 地 點 選 擇 ■■■■■■■

憑靠夜市中的鄰攤，幫忙找地點也仗義執言。

　　張桂香是一位虔誠的基督徒，她把尋找到攤位的功勞歸因於主耶穌：「回到台灣之後，我四處尋找適合的攤位，但是怎麼找就找不到，於是我祈求主耶穌幫忙。很神奇的，沒多久我就在師大這邊看到攤位出租。」此外，張桂香也非常感謝斜對面一家開鎖攤老闆的協助。張桂香進一步說明，「當初就是靠這位開鎖攤老闆的幫忙，經由他的介紹讓我知道這裡有攤位出租。後來當我遇到小流氓

找麻煩等問題的時候,也是由他出面,仗義執言,才化解許多危機。」

　　不過有了攤位之後,並不是從此一帆風順。那時,張桂香是向一位二房東承租攤位的,對方將張桂香的錢騙走,失去聯絡。其後他們還遭到鄰近攤位的排擠,對方不僅口出惡言,更進一步假冒客人的名義,向張桂香訂購大量餐點,但是卻不取貨付款,讓張桂香平白萌生損失。這樣的惡劣行徑,雖然事隔多年,說到激動處,張桂香還是不免感傷落淚。所幸這種種困難,也都是在其他攤位的協助下排解,而且他們也全力支持張桂香,讓她得以度過難關。

■■租金■■■■

夜市中雖攤位不大,但人來人往商機無限,且租金合理。

　　最早之前,張桂香的攤位原本有將近四坪之大,除了烹煮料理的主攤位之外,旁邊的空地還可以提供用餐的座位。但是後來地主收回一半店面,再另行轉租出去,讓「正宗馬來西亞咖哩雞」除了餐車之外,只剩攤位前面約五個位子。

　　由於店面位在師大夜市裡,地點可謂不錯。攤位旁邊是另一攤生意頗佳的水煎包,正對面則是接連兩家的泡沫紅茶店,在提升本店的人氣、買氣方面,都有顯著效果。該區的店面租金普遍

咖哩炒飯的外觀,橙黃色的外觀是不是讓你食指大動啊?

十字架及簡單的鍋碗瓢盆，此攤麻雀雖小卻五臟俱全。

「正宗馬來西亞咖哩雞」的硬體設備相當簡單，在各大器材行都可以買得到。該店的基本配備為兩個相當大的鍋子，一個用來烹飪雜燴湯，另一個則用來炒飯與炒米粉。

乍看之下，廚房稍顯凌亂，不過在那麼狹小的範圍內，張桂香也無法再添購任何大型器具，對她來說，如何物盡其用才是最重要的。而在烹飪的鍋碗瓢盆之外，對張桂香而言，還有另外兩項不可或缺的物品，一是消暑用的電風扇，雖然效果有限，但在炎熱的夏天裡也不無小補。另外一個則是張桂香的精神寄託──十字架，沒有了主耶穌的保佑，張桂香很難撐過許多考驗。

老闆娘的秘密武器──
馬來西亞辣椒醬，不管你
怕不怕辣，都一定要嘗試
看看，才算不虛此行。

在三萬元到五萬元之間，屬於合理範圍，而「正宗馬來西亞咖哩雞」一個月的租金則為三萬五千元。

■■ 食 材 ■■■■■

食材經由批發商從傳統市場買進，香料則從馬來西亞進口。

製作肉骨茶、雜燴湯、咖哩雞飯等南洋美食，需要運用到許多食材，諸如咖哩、香料、蔬菜、雞肉等。基本上，張桂香採用的都是源自於本土的食材，這些食材大部分都由批發商從傳統市場買進，價格頗為公道。當問到為什麼不自己去市場採買的時候，張桂香說：「每天打烊休息都已經晚上十二點了，隔天哪有精神一大早起床；而且，也讓別人賺一手嘛！」

不過，一定要使用馬來西亞進口的香料，是張桂香唯一的堅持。對於沒有使用香料習慣的台灣人來說，很難想像東南亞當地

的居民幾乎是沒有香料就無法進食的習慣。憑藉過去從事木材生意時建立的人脈，張桂香與先生很快找到了合適的香料，現在除了自己使用之外，他們更成立了一家貿易公司，專門代理馬來西亞的各式香料，甫一推出即獲得不少好評。張桂香鄭重推薦：「歡迎大家來我這裡訂購香料。」

■■ 成本控制 ■■■■■■

薄利多銷是路邊攤的經營策略。

大部分的路邊攤是採取薄利多銷的經營策略，不過究竟這個「利」要有多「薄」，「銷」才有賺頭？這就端視老闆們的良心了。於是一些投機取巧的路邊攤店家，便會幹起偷斤減兩的勾當，置消費者

馬來西亞的雜燴湯，張桂香說平常的時候，都有很多僑生會來向她買湯回家煮火鍋，這也是另一種很好的吃法。

權益於不顧。不過在「正宗馬來西亞咖哩雞」用餐儘管可以放一百二十個心，光是看老闆娘的長相就知道不會騙人！這雖然是玩笑話，但也是句老實話！五年多以來，老闆娘張桂香基於對品質的堅持，所以一直向固定的批發商進貨，因為合作已經許久，雙方對品質的要求共識一致，幸好批發商也沒讓張桂香失望。

■■ 口味特色 ■■■■■■

馬來西亞風味的雜燴湯，口味濃郁獨特擄獲人心。

　　任何經過「正宗馬來西亞咖哩雞」攤位的人，一定會被那兩個碩大的鍋子引發好奇心。其中一個鍋子裝的是炒飯，而另外一個則是馬來西亞風味的雜燴湯。這裡的炒飯，散發著一股濃郁的香氣，熱呼呼地，用料雖然只有玉米、豌豆和火腿塊，看似簡單，吃起來卻別有一番風味。另一款咖哩飯也頗受歡迎，澄黃的色澤十分誘人；而附加的新鮮黃瓜、小魚花生還有炸蛋(這是用熱油炸過的雞蛋，有整粒蛋與荷包蛋兩種)，更增添營養豐富的程度。

　　此外，最特別的當然就是那一大鍋雜燴湯，以馬來西亞當地一種特殊醃漬過的水果爲底，另外加上大量的蔬菜、豆腐、茄子、鴨頭等十幾種配料，以小火慢熬一個小時後，就是一碗好喝的雜燴湯。老闆娘表示，馬來西亞人就是這樣喝湯的，至於湯裡面的材料其實非常隨性，你喜歡吃什麼就可以添加什麼，通通一樣好喝。

咖哩飯，搭配上新鮮黃瓜、小魚花生還有炸蛋，更增添營養豐富的程度。

■■ 客層調查 ■■■■

位在師大夜市中，學生爲主要消費族群。

　　師大夜市向來都是學生聚集的大本營，除了師大的學生之外，周遭的台大、政大城區部等的學生也會前來，形成一個消費力強大的商圈。而異國料理之所以能在師大夜市更爲發揚光大的原因，當然就是因爲該

地擁有許多來自世界各地的僑生，以及許多外國人前來師大學習中文的緣故。

為了迎合這群消費者的口味，相關的小吃於焉產生。張桂香的「正宗馬來西亞咖哩雞」因口味道地而吸引許多馬來西亞、新加坡等地的僑生，他們都非常捧張桂香的場，因為有口皆碑，因而也連帶吸引了土生土長的台灣學生，畢竟好吃的食物是不分國界的！

肉骨茶飯是一碗肉骨茶湯加上黃澄澄的咖哩飯，不只美味，份量也很夠，成為師大學生的最愛。

正宗馬來西亞咖哩雞

■■ 未 來 計 畫 ■■■■

從失敗到成功，張桂香相信天下無難事，只怕有心人。

五年來，張桂香從一個經商失敗的角色到現在成為成功的小吃攤老闆，之間的辛酸真不是外人能夠理解的。套句張桂香的話：「所幸天主保佑」，現在的她不僅收入穩定，更回到當初失敗的地方──馬來西亞，買下了一間房子。目前張桂香除了原本的店面，也在離本店約一百公尺處開設另外一家店面，以彌補本店空間狹小的不足。

本店與分店相輔相成，偶爾本店的位子已滿，張桂香就將客人帶到另外一攤，本店的配菜用完了，她也馬上尋求支援。經常可以看見張桂香為了拿取原料而在兩家店面中穿梭，雖然忙碌，但是營收頗佳，如此她的心情也就舒坦多了！對張桂香以及她先生而言，

現在最大的希望就是好好經營這家店面，全家相處愉快，每當寒暑假的時候，可以回到馬來西亞休息休息，那就是最大的快樂了！

創業數據一覽表

項　　目	說　　明	備　　註
創業年數	5年	
坪數	3坪	此為本店坪數，分店為一個簡單的餐車，佔地不到一坪。
租金	3萬元	
人手數目	1人	
平均每日來客數目	60至80人	偶爾因為天氣、學生作息、以及私人因素無法營業，所以來店客數有所變動，連帶影響營業額。
平均每月進貨成本	6萬至9萬	
平均每月營業額	18萬至24萬	
平均每月淨利	9萬至12萬	

成功有撇步

　　從張桂香的例子中我們可以發現，在競爭激烈的夜市當中，其實敦親睦鄰也是十分重要的，有時候生意太好就是有人會眼紅，見不得別人的生意比自己好，所以各樣的小動作就會產生。遭遇欺侮的時候，除了要堅強，更得仰賴鄰近攤位的協助！

　　像是張桂香這樣經過中年失業又重新站起來的例子，的確值得大家作榜樣。對於往後也想踏入小吃業的族群，勢必要學習張桂香越挫越勇的毅力，畢竟，錢不會從天下掉下來，一步一腳印之外，堅定不移的毅力更為重要。

馬來炒飯

作法大公開

★材料說明

以下為製作一人份馬來炒飯所需用料。

馬來炒飯的用料簡單，基本上只要會做蛋炒飯的人就知道炒飯要準備什麼材料，但是最大的差別在香料這一部份，由於添加了香料，讓馬來炒飯在嗅覺與味覺方面，加分不少。

張桂香將所有會用到的配料一字排開，白的、綠的、綜合的，光是在視覺上就可以吸引不少客人。

項 目	所需份量	價 格	備 註
雞蛋	1個	1公斤20元	
三色蔬菜 (豌豆、玉米、胡蘿蔔)	100公克	1公斤30元	冷凍包，超級市場可以買到現成的
蔥頭	10公克	1公斤15元	
醬油	少許	1瓶20元	
白飯	一碗份量	1包150元	

★製作方式

1 前製處理

熱油熱鍋,先將調味料放進,再把雞蛋加進來,白飯在雞蛋炒半熟之後再放進來,如此一來在白飯上會沾上一點點的蛋汁,吃起來別有風味,還可以看到漂亮的蛋花。

2 製作步驟

1 油熱了之後,先把雞蛋打入,等到蛋花出現,再進行下一步。

2 加入蔥頭爆香。

3 加入醬油，增加美味，請記住一定要適量，否則味道會過鹹。

4 等到所有配料完成之後，就可以將白飯添加進來，讓白飯吸收這些湯汁。

5 適當的鹽巴也是必須的。

6 飯炒得差不多之後，看見白飯略顯焦黃，再加入三色豆，讓炒飯的顏色更加豐富。

7 加入馬來西亞的香料如八角、花椒是基本原料，這一道手續相當重要，因為馬來炒飯之所以為馬來炒飯，就是在於使用了來自於馬來西亞的香料，馬來當地的人受到印度等等回教民族的影響，非常喜歡在菜餚裡面添加香料。

8 一份香噴噴的炒飯就大功告成。

正宗馬來西亞咖哩雞

獨家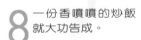

張桂香親手製作了馬來西亞的辣椒醬，以小辣椒、乾辣椒為主，融合大量的油，形成一種特殊的辣椒醬，說實在的，品嚐過後的感覺不會辣到讓人嗆喉，但是多了一份美妙的滋味。

在家DIY小技巧

　　馬來西亞的炒飯，製作過程與台灣風格的炒飯沒什麼不同，大家只要在家裡面準備好適當的材料，不管是馬來西亞的炒飯還是蕃茄炒飯、楊州炒飯，變化的部分只在於添加的配料，例如馬來炒飯最起碼應該準備的就是香料，至於其他的配菜就仰賴大家的創意了。

咖哩小常識

咖哩的神奇功效

　　咖哩這兩個字源自於南印度，以南印度的泰米爾（TIMIL）語，是「醬」的意思，這是綜合各種辛辣香料所製作的料理名稱。咖哩自印度大陸傳播到周邊地域。在中世紀的歐洲，通常香辛料除了做調味料使用之外，還當作藥及保存肉類等功能，而成為生活上的必需品。

　　咖哩有增進食慾的特性，因為咖哩中含有具辣味成分的香辛料，它們會刺激唾液或胃液的分泌，進而加速腸胃蠕動引起食慾。除此之外，吃咖哩也可以讓體溫下降，因為咖哩中的辣味香辛料一經人體吸收後，會促進血液循環，達到發汗目的，而發汗可以使體溫下降，所以亞熱帶的人們特別喜歡吃辛辣的料理。

美 見證

小敏(24歲，師大學生)

　　這一攤小吃是朋友帶我來的，老闆娘的炒飯是一級棒，加上風味獨特的雜燴湯，真的很好吃。

仙人掌

精心改良的墨西哥菜
去除辛辣保留美味
酥脆片碰上美味沾醬
在唇齒間留下難忘美味

仙 人 掌

沒有去過墨西哥，但對於在電影情節中常出現的美洲大陸卻充滿憧憬的李小姐，曾在墨西哥餐廳工作十多年。原本已退休養老的她，在兒女的全力支持與鼓勵下，毅然決然決定重操寶刀，開設了這家「仙人掌－墨西哥雅食」。開店至今，雖然尚有很大的發揮空間，不過這一家人憑藉熱忱，勢必有著不可限量的未來。

為了符合餐廳所販賣食物的風格，空間中特別營造出墨西哥風。。

墨西哥的食物以辛辣為特點，在製作過程中，放入大量的香料更是必要的步驟。位在新店市的「仙人掌——墨西哥雅食」，特別融入台灣人的口味，讓每一道菜吃起來順口不鹹膩。這樣的改變，不僅吸引附近的居民，甚至來這裡用餐的外國人也能接受口味上改良過的墨西哥美食。由此可見，李老闆十幾年累積下來的功力，的確不同凡響。

✌ 墨西哥 🇲🇽

🏠 台北縣新店市五峰路58號1樓

📞 (02) 2913-4286

🕙 11：30~21：30

💲 80萬元

$ 1萬5千元

墨西哥仙人掌

世新大學

五峰路　中正路　景美　碧潭→

✌ 美食來源地　ⓘ 類型　🏠 地址　📞 電話　🕙 營業時間　💲 創業資金　$ 每日營業額

心路歷程

乍看之下，李老闆就跟一般的家庭主婦沒什麼不同。為了工作方便而梳起的髮髻，讓她看起來更為幹練，只見她熟練的在廚房穿梭，左手拿起胡椒，右手接著就把醃好的肉拿過來。一群助手在她身邊，炒菜的炒菜、端盤的端盤，亂中有序的完成客人點單的餐點。這就是李老闆每天面臨的陣仗，看似複雜，但對她來說只不過是例行公事罷了。

老闆娘的女兒・李小姐

仙人掌

六十二歲的李老闆，從五十歲才開始踏入餐飲界。之前她在台北市新生南路上「佬墨的日出」這家有名墨西哥餐廳服務，十二年來都在同一家餐廳工作，未曾改變。從剛開始時只負責最基本的工作，到後來肩挑廚房料理食物、研發菜色等重責大任。一路走來，現在在她的世界裡，餐飲已不再單單只是工作，而是一種興趣與生活態度了。

去年五月，李老闆退休在家休息也閒散一段時間，於是在兒子、女兒的支持下，決定重操舊業，開一家屬於自己的餐廳。全家人為了開店忙碌得不得了，李老闆更是親自參與地點的選擇、食材的購買，並張羅大大小小瑣事。

從當初的篳路藍縷，到現在小有成績，用「創業維艱，守成不易」來形容李老闆的心情一點都不為過。就算面臨不景氣的打擊，李老闆依然採取穩紮穩打的經營策略，不玩花招、不打廣告。她認為節省這些不必要的開銷，而用道地實在的料理，抓住客人的胃，才是上上之策。

經營狀況

■■命名■■■■■

仙人掌為墨西哥國花，視覺印象命名，加深顧客印象。

墨西哥的沙漠氣候，造就了仙人掌這種特殊的植物。從電影到卡通，只要出現「沙漠、仙人掌、披肩、鮮豔的大帽子、龍舌蘭酒」，那準是在墨西哥沒錯。為了加強消費者對餐廳的記憶，「仙人掌──墨西哥雅食」以這樣的視覺印象命名，清楚而直接地透露店面的特色。

不僅如此，李老闆還聽從專業設計師的建議，在餐廳前後開闢了小花圃，種植各式各樣的仙人掌以及美人蕉，更是把客人帶領到宛如身處墨西哥的虛擬情境。單就觀賞的角度來看，造景之用心，實屬少見。

把門面打點好，只是李老闆吸引客人的第一步。踏入餐廳裡面，牆上掛的壁飾，包括壁畫、大帽子等，都讓人自然而然聯想到墨西哥。在店名、外觀與店內陳設上，處處展現李老闆的用心，而這無非都是希望帶給客人最佳的用餐環境與享受。

把門面打點好，是許多餐廳吸引客人的第一步。在仙人掌裡，餐廳前後都開闢了小花圃，種植各式各樣的仙人掌以及美人蕉，把客人帶領到宛如身處墨西哥的虛擬情境。

■■ 地點選擇 ■■■■

雖位在巷子內，精緻美食走
向還是吸引講究生活品味的
消費者。

顧及到與「佬墨的日出」的老
闆有深厚交情，李老闆不想把餐廳
開設在台北市，以免出現搶客人的
對打情況。在尋找諸多地點之後，
李老闆決定落腳在自家附近。

目前「仙人掌──墨西哥雅食」
的店址是位在新店市五峰路的巷子
內。嚴格來說，這樣的位置並不是
開設餐廳的好地點，不僅過於偏
僻，而且周邊缺少商店帶動買氣。

不過李老闆透露，五峰國中就
在不遠處，學校的教職員工經常來
這裡用餐；加上附近的新店工業
區，也會吸引一些客人前來。另外
李老闆表示，五峰路再往上走，有
不少的高級住宅，這些講求生活品
味的消費者，都會偶爾光臨，因爲
相較於五峰國中附近的攤販，
「仙人掌」製作的餐點較爲精
緻，店內的風格也是新店地
區少有。綜合以上因素，總括

自家店面，讓租金不再
成爲壓力，成本控制可
以更容易。

除了人情的考量之外，租金
的高昂，也是李老闆不願意前往
台北市開店的主要原因之一。目
前「仙人掌──墨西哥雅食」的
店址，是李老闆的自家用地。李
老闆表示，這樣差不多三十至四
十坪的店面，在新店地區的租金
大約一個月爲四至五萬元；如果
在台北市區租金，更會高達十萬
元以上。

雖然李老闆有信心這樣的墨
西哥餐廳在台北市可以經營得更
好，但是礙於租金與景氣的雙重
不利因素，她認爲目前的店面就
已經不錯了，尤其自家的店面沒
有租金的壓力，在成本控制上更
爲容易。

仙人掌

餐廳除了好吃的
食物外，別具特
色的裝飾品也可
以為店家加分。

而言，餐廳生意仍屬不錯。

■■ 硬 體 設 備 ■■■

親自到賣場挑選桌椅，以實用
性與品質兼顧為最佳考量。

店內擺滿了各式各樣墨西哥風格的裝飾，
都是李老闆出國遊玩時候蒐集而來的珍藏
喔！

從開店之前的籌備期到真正完工落成，「仙人掌──墨西哥雅
食」前後共花了一年的時間才正式營業。因為資金是子女提供的，
開店也只是興趣，因此在時間上並沒有太大的急迫性。店內大約四
十幾張的桌椅，是李老闆與孩子們在看遍各家賣場與家飾店，比較
再三才一起選定。每一組桌椅價格大約五千元，品質與實用性兼
顧，李老闆認為相當划算。

而店內的陳列，因為大多是李老闆環遊世界後所帶回來的精心
收藏，這一部份倒是沒有耗費太多經費。李老闆笑著說，店內最值
錢的可能就是擺在吧台上的咖啡機，一台定價十多萬元。李老闆算
了算，包括桌椅、餐具、還有設計師的費用，林林總總的加起來，
硬體設備的花費大約在三百萬之間。

■■ 食 材 ■■■■■

香料品質是口味的重點，新鮮食材則
親自去購買。

由於墨西哥菜偏向重口味，對於
香料的需求量特別大，如果使用品質
不好或是不對味的香料，很容易造成客
人對食物的排斥。

墨西哥脆片，要搭配上特製的醬料才會好
吃，熱量雖然高了一點，但是吃到如此美
味的食物，也是值得的啦！

李老闆過去在餐飲業服務的時候，認識一些規模較大的食物批發商，雖然「仙人掌——墨西哥雅食」的食材需求量不大，但是批發商仍以最優惠的價格提供給李老闆，以往所累積的人脈成了她現在經營餐廳最大的資產。至於十分講究新鮮度的食材，李老闆傾向自行到傳統市場購買，品質也比較容易維持。

口味特色

努力改良墨西哥的辛辣又不失其風味，以迎合國人的口味。

專賣墨西哥菜餚的餐廳在大台北地區屈指可數。李老闆表示，當初她剛接觸這一行的時候，完全沒有前例可循。李老闆只好自己看食譜摸索，但是純正墨西哥菜實在太辛辣，不適合國人的口味，如何改良又不失正宗墨西哥菜的精神，就成了李老闆必須克服的難題。

推出多樣式商業午餐，以點餐數量提升業績。

李老闆透露，在定價與成本之間大約有三成的差距。如同前述，食材的來源分為向批發商進貨以及到傳統市場採買兩種方式，而在台灣加入WTO後，部分產品價格略有調整，不過市場的攤販知道李老闆在經營餐廳，因此價格上也會給予優惠。

李老闆表示，「仙人掌——墨西哥雅食」所用的都是高品質的嚴選食材，但新店地區的消費能力較弱，價錢調高的話，消費者負擔不起，但是李老闆又不願意使用次等的食材，為了讓客人的滿意與店面的生存兩者兼顧，李老闆只好推出各式各樣的商業午餐，期望以點餐數量的增加提升業績，讓同樣的食材變化出不同的面貌，好讓成本控制的問題不至於影響營運。

仙人掌

為了提升客人來店內消費的意願，老闆特別推出低價位高享受的簡餐，化解大家對墨西哥菜就是「貴」的觀念。

地點為在住商混合區，客層涵蓋廣，客人總類多。

「仙人掌——墨西哥雅食」所在地點屬於住商混合區，基本上來說，客層涵蓋範圍甚廣，不過還是以在附近的居民較多。根據李老闆的觀察，新店地區的居民消費能力不如台北市，所以就算全家大小一起來消費，金額也頂多在一千元上下，有時顧客甚至還會要求李老闆再打折，這一點讓李老闆頗為困擾，因為食材成本已經偏高，再降價的話，一定沒賺頭。

所幸開店以來已經培養出一批忠實的客人，假日的時候不少經過碧潭、烏來遊玩的客人也會來此消費，李老闆期望客人習慣這裡的口味後，經由這些人的口耳相傳後可以做出良好的口碑。

李小姐非常歡迎大家有空來坐坐，品嘗最優秀特別的墨西哥美食。

因此，她利用出國遊玩的機會，嚐遍了各地的墨西哥菜，甚至她也是國內少數幾家墨西哥餐館的常客。幾番徹底研究之後，終於找出最適合國人口味的製作方法。以「仙人掌——墨西哥雅食」來說，本店的菜餚口味已經不至於太鹹太辣，甚至小孩子也很喜歡品嚐，一般民眾的接受度頗高。

李老闆表示，玉米餅、塔可、袋餅等都是正宗的墨西哥菜的代表作，這些菜餚都屬於前菜，而很多速食店也將這些零食化做正餐。基

利用香醇的紅酒去熬煮牛肉，把QQ的麵條拌上香濃的醬汁，這就是店中賣的最好的眾多商業午餐——紅酒燉牛肉麵。

本上而言，不論前菜或者正餐，墨西哥菜餚都使用了包括辣椒、大蒜、洋蔥等等的調味料，這樣的重口味讓性格激烈的墨西哥人吃得特別過癮！李老闆發表自己對墨西哥菜餚的觀察：「墨西哥菜吃的方法很隨性，像是捲餅，只要把餡料包在餅皮當中，唏哩呼嚕就是一餐，墨西哥人吃東西的時候，還會搭配酒精濃度特高的龍舌蘭酒，相當豪邁！」

起司雞排是老闆精心研發的墨西哥美食，大人小孩都愛吃。

仙人掌

■■ 未 來 計 畫 ■■■■

將「仙人掌」經營得有聲色，是老闆最大心願。

「仙人掌——墨西哥雅食」最大的股東就是李老闆的兒子與女兒，當初開店的原意是為了讓李老闆可以打發退休後的時間，不過以餐飲為最大興趣的她表示，維持餐廳正常的運作以及尋求利潤，當然還是最重要的事情。

在李老闆的心中，把「仙人掌」經營得有特色，是她最大的願望。對於未來，李老闆祈求這一波的不景氣能夠快點度過，好讓她真的能夠快樂的經營餐廳，也讓來這裡用餐的客人與她一起分享喜悅。

度小月

創業數據一覽表

項　　目	說　　明	備　　註
創業年數	1年	
坪數	40坪	
租金	無	自家住宅改裝
人手數目	9人	廚師一名(月薪3三萬)、歐巴桑兩名(月薪2萬2千)、工讀生六名(時薪85元、輪班)
平均每日來客數目	50人	
平均每月進貨成本	15萬元	包括食材、茶葉、餐巾紙等必須用品與耗材
平均每月營業額	45萬元	
平均每月淨利	15萬元	

成功有撇步

　　去年景氣稍好的時候，曾經有人表達想要加盟的意願，不過後來卻失去聯絡。她勸告想要從事餐飲業的朋友，除非真的有經營餐廳的經驗；或者像她一樣，在餐廳服務多年，瞭解這一行的生態，否則真的不要輕易嘗試，因為開店實在很辛苦，而且要注意的事情實在太多了。

　　李老闆以親身的經驗為例，「剛開店的時候，又要跑外場，又要顧後場，實在很累，而且還有一堆調味料連聽都沒聽過。」李老闆表示像她這種在餐飲業十多年的老手，開店都遇過問題，一般人更要三思而後行了。同時李老闆也強調，如果開店有租金的問題，那就更別冒險了。因為景氣不好，客人的消費習慣隨時在變，假使沒有妥善的規劃以及靈活的資金調度，承擔的風險實在太大，所以「還是謹慎點好！」

墨西哥雞肉餅捲

作法大公開

★材料說明

　　墨西哥雞肉捲餅是一道看似華麗的菜餚,因為蕃茄、甜椒等的配料發揮色澤調配的功用,讓整道菜看起來非常好吃。

所有的材料圖,包括三種香料、顏色美麗的蔬菜配料與雞肉等。

項　　目	所 需 份 量	價　　格
香料	每一種10公克	1公斤裝200元
(俄力崗香粉、匈牙利紅椒粉、小茴香粉)		
蕃茄	1粒	1公斤30元
洋蔥	20公克	1公斤15元
蔥花	少許	1公斤20元
青椒	50公克	1公斤30元
麵皮	100公克	1公斤15元
酸奶油	20公克	2公斤裝350元
雞肉	200公克	1公斤40元

★製作方式

1 前製處理

　　製作這項「墨西哥雞肉捲餅」最重要的工作在於雞肉的醃製，首先將雞肉浸泡在醬油當中，然後把俄力崗香粉、匈牙利紅椒粉、小茴香粉等香料一併添加進來，增加雞肉的美味。

2 製作步驟

1 事先將雞肉用醬油醃好，大約半小時就可以了。

2 把洋蔥爆香，再把雞肉下鍋炒熟。

仙人掌

3 隨後放入青椒、紅椒等甜椒，這一部份裝飾性作用較大。（在家做時可放可不放）

4 大約三分鐘，雞肉炒熟，甜椒也略顯焦熟之後就可以起鍋。

5 把雞肉、甜椒放在事先就準備好現成的餅皮上面包起來。

在家DIY小技巧

準備一張餅皮，不論是自己做或者在超級市場購買現成的蛋餅皮都可以，然後將雞肉、爆香的洋蔥、甜椒依照上述製作步驟調理完成，最後在包到餅皮中就可以了。

6 裝飾幾顆橄欖，就可以上桌了。

仙人掌

獨家祕方

「仙人掌──墨西哥雅食」所使用的香料都是現成的、在市場上可以買得到的，包括俄力崗香粉、匈牙利紅椒粉、小茴香粉等。不過要用的巧、用的好，還是得靠李老闆累積多年的經驗才辦的到，這話怎麼說呢，因為香料的種類一多，要如何搭配，依照多少的比例調製，在在都是一門學問，建議初學者不妨在做中學，剛開始使用香料的時候，先嚐嚐香料最原始的味道，然後依照喜愛的程度添加，這是最保險的作法。

玉米餅、塔可、袋餅等，都是墨西哥菜的經典代表。

我雖然沒去過墨西哥，但是在「仙人掌──墨西哥雅食」吃墨西哥菜，讓我有置身在沙漠中綠洲的感覺，除了裝潢，菜色也都很不錯，真的值得推薦。

James Chiang (34歲，商)

墨西哥美食小常識

墨西哥菜的特色

墨西哥菜因為深受過去美洲印第安人、西班牙人和法國人的影響，玉米薄餅是餐餐不可或缺的主食。玉米餅皮是用來包裹著其他食材一起食用，而包裹的餡料可以依自己的習慣而有不同的內容。

而沾醬則是墨西哥菜的精神所在，裡面充滿著番茄、洋蔥、各式香料及多種辣椒。目前常見的沾醬包括白色的酸奶油、綠色的酪梨醬，以及紅色的莎莎醬，每一種都有著豐富且獨特的口感。像莎莎醬就是以蕃茄為主要食材，因為墨西哥的番茄產量多，將番茄、洋蔥、蒜、綠辣椒加入少許的檸檬汁與優格，吃起來酸味中帶點微辣，很開胃。

阿諾可麗餅

來自法式的浪漫
折疊出眾多口味
國際級的美味
邊走邊吃更隨性

阿諾可麗餅

洶湧的人潮，足以證明阿諾可麗餅的確有其誘人之處。

數十種的口味任君選擇，讓客人對可麗餅永遠都充滿新鮮感。

世道差，什麼生意最好賺？餐飲業似乎是亙古不變的答案，在「阿諾可麗餅」這個範例上，我們看到又一個經營成功的加盟業者。

海軍陸戰隊退伍的阿諾，年紀頂多三十好幾，基於一股創業的雄心壯志，經過一番考察與摸索後，終於決定可麗餅的作法與定位。採訪阿諾的時候，他條理分明的分析市場趨勢；而整個可麗餅的事業版圖，在阿諾細心的規劃下，略有小成。從阿諾身上，我們看到他對事業的用心經營，著實令人感動！在「阿諾可麗餅」的師大總部前面，小小的攤子總是擠滿等待的客人，甚至來自外地的觀光客，也會好奇的拿起攝影機，記錄這個難得的台灣奇蹟。

松河街
饒河街
● 慈祐宮
🍽
阿諾可麗餅
八德路四段
松山車站 ●

心路歷程

　　身材魁武、略顯福態的阿諾告訴我們，他是從海軍陸戰隊退伍的。大概正是因為當兵期間接受的訓練，讓他對於事情的特別執著。阿諾說，自己是機械科班出身，從事過的工作包括證券營業員、房地產銷售員，一路走來，學習到對於經銷的產品必須有深刻的瞭解與認識，更在接觸顧客的過程中，體會到服務熱誠，以及尊重顧客的重要性。

　　有了服務客戶最基本的概念，阿諾學習仔細觀察市場的需求，經過一番考察，他發現，為什麼很多夜市店家總是擺脫不掉以滷肉飯、貢丸湯，以及鹹酥雞開店的宿命？難道沒有任何人願意創新嗎？阿諾心中於是激起一股改革的願望，並且立下志願：「我一定要開一家讓顧客百分之百滿意的店！」

　　一九九三年三月，阿諾與其他五位創業伙伴，開始忙碌的準備開店事宜。在此之前，阿諾已經前往法國、日本、美國等地，取經考察製作可麗餅的方法。阿諾回憶著說：「我們看見許多人在新凱旋門大道上，邊走邊吃著像是甜筒一般的可麗餅，臉上露出幸福的表情，讓我跟老婆忍不住馬上買了兩個來吃吃看。」從此，阿諾與可麗餅結下不解之緣，也讓他決定將這種產品引進台灣。

　　清楚創業的定位在哪裡之後，阿諾與伙伴正式展開相關資訊的蒐集。在小吃界，像是阿諾這樣為了產品還會四處考察的案例，實屬少見。不過可能這也是他會成功的重要原因吧！

「把員工當成自己的家人、子女，沒有員工的努力與付出，老闆的洋房和車子都將化為烏有。」

老闆・曾輝鵬

好吃的可麗餅最好在製作完成之後的五分鐘之內食用，否則餅皮變軟，口感可就差別許多。

經營狀況

■■命名■■■■■

老闆的壯碩身材成為店名由來。

可麗餅的法文叫做可勃(Carepe)，中文將它直接音譯成為「可麗餅」。在法國，這是一項相當大眾化的國民小吃。後來日本以及美國等地都出現它的分身。阿諾透露，外國的可麗餅作法比較簡單，口味的選擇上也略顯單調，引進台灣之後，勢必得做出一些調整，才能符合市場需求。

至於「阿諾」這個綽號的由來，是因為本名曾輝鵬的阿諾之前服役於海軍陸戰隊，由於身材相當壯碩，朋友叫著叫著，綽號就成了店名。不過電影明星「阿諾」的形象，不是正好與「阿諾可麗餅」禁得起消費者考驗的實力形象不謀而合嗎？

■■地點選擇■■■■■■

適合熱鬧夜市，或以機動性強的餐車經營方式。

阿諾非常注意店址的選擇，他表示，評估地點的時候，不能只看用餐尖峰時刻的來客數，必須連離峰時的情形一併考量進去。阿諾認為，離峰與尖峰的差距不要太大，否則一些公司行號林立的商業區型店面，就只能做午飯、晚飯時候的生意，其餘閒暇時間過多，資源容易浪費。

老闆阿諾將每個員工都當作自己家人一般的照顧。

另外，純粹的住宅區也不適合可麗餅進駐，阿諾解釋：「因爲住宅區較爲封閉，外來人口相當少，居民頂多爲了方便來購買產品，但是經過一段時間，新鮮感消失，生意便會走下坡。」在目前「阿諾可麗餅」的十八家加盟店當中，加盟主主要是在位於繁華的夜市設點，或是利用機動性強的發財車作爲餐車，地點的選擇皆以人潮聚集的場所居多。

■■ 租 金 ■■■■

雖需繳罰單但仍比店租便宜。

師大夜市總店佔地三坪，每個月租金四萬五千元。「阿諾可麗餅」沒有提供座椅讓消費者內用，在小小的店面中，只有簡單的設備陳列，與比鄰的另一家鹹酥雞，一起

要保持食材的新鮮很簡單，只要利用冰桶就可以了。

阿諾可麗餅

器材簡便，操作容易。

「阿諾可麗餅」的硬體設備包括：餐車一台、烤台四個、移動式冰桶一個、鏟子，以及裝盛麵粉漿的桶子。與同業比較，「阿諾可麗餅」的硬體設備不僅簡單，而且清洗、操作都很容易。阿諾表示，總部都會替加盟主進行教育訓練，關於器材操作這一部份，非常容易學習，連初次接觸的生手都能夠很快熟練。

阿諾信心滿滿的告訴想要加盟的人，可麗餅的前製作業不需要耗費太多時間，作業中更沒有湯湯水水的麻煩，而且收攤的時候清潔工作快速簡潔，當別的攤子還在刷刷洗洗的時候，加盟主早就可以回家休息了，唯一需要注意的可能就是食物的保鮮。由於可麗餅口味衆多，耗費的原料更是不少，還沒有使用到的材料務必注意清潔，因此生鮮的問題一定要考量進去。舉例來說，師大夜市總店就把事先調製好的麵粉漿放置於大冰箱內，維持品質。

使用同一塊區域。以師大夜市而言，租金水準差不多介於四萬到五萬之間，算是合理的範圍，只要業者經營得當，基本上來說，租金還不至於造成相當沈重的負擔。

吃起來苦中帶甜的巧克力鬆餅，也頗受女性顧客的歡迎。

　　其他分散各地的「阿諾可麗餅」加盟主，大部分沒有租金的問題。因為加盟都是以餐車的方式經營，讓他們推到哪裡就賣到哪裡，機動性頗大，不過唯一要負擔的就是平均一個月兩到六張的取締罰單。阿諾表示，一張一千兩百元的罰單，就當做加盟主繳的房租，他認為，換算下來還是比租店面便宜。

■■ 食 材 ■■■■■

三十五種甜鹹口味，多樣選擇傲視法國。

　　阿諾到法國、日本、美國等地考察可麗餅的製作方法後發現，如果原封不動的將這項小吃移植到國內，那麼只有死路一條，因為國外的作法簡單，用料乏味，完全不適合喜歡變化的台灣人。勇於創新的阿諾，因此開發了總數高達三十五種不同的口味，其中甜品類佔十八種，而鹹口味佔十七種。這樣的創新精神，讓阿諾贏得好評！他更讓旗下加盟主自行發揮，只要可以開發出客人喜歡的口味，他也樂見其成。

各種口味的原料都是現成的，操作簡單，口味也能夠獲得保障。

不過較小型的加盟主，受限於場地因素，無法將全部口味提供給客人，但是幾項人氣超旺的產品，例如花生巧克力與玉米火腿，絕對少不了。最近阿諾研發的最新產品則是日本風格頗重的抹茶可麗餅，與歐洲風味十足的拿鐵可麗餅。看來喜歡嚐鮮的年輕客群，又將體驗一場刺激的味覺享受了！

肉鬆雖然是現成的材料，但只要應用得宜，還是可以受到顧客歡迎。

「阿諾可麗餅」的食物原料，大部份都是現成的罐頭，或者烹飪好的火腿、玉米、以及鮪魚等，這些大多數向批發商採買回來的原料，總部已經經過嚴格的篩選，品質絕對沒問題。唯一需要各個加盟主自行購買的，只有蔬菜這類型的生鮮食材，但是比例相當低。

酥脆餅皮為致勝關鍵。

源自於法國的可麗餅，在台灣找到新的生命。在阿諾的創新求變之後，不僅口味變化多樣，早就超過原產地的模樣；而且價格便宜、攜帶方便，也正好符合台灣人輕簡速食的飲食習慣。

除了原料上的改變，在作法上也不一樣了，阿諾表示，法國的鍋子比較大，餅皮口感比較軟，重起司、鵝肝醬等口味。而日本的可麗餅大致上與台灣的差不多，但是偏奶油與新鮮水果的作法。在台灣，新鮮水果方面頂多使用香蕉而已，因為香蕉加熱之後比較不會變味。此外，台灣人特別喜歡酥脆的口感，所以製作可麗餅的要訣便是餅皮一定要焦焦的，讓客人吃起來很過癮才行。

阿諾可麗餅

■■ 成 本 控 制 ■■■■

利潤高、回收高，適合小額投資的加盟主。

　　阿諾曾經仔細估算過食物原料佔整體營收的比例，經過嚴格的成本控制後，一桶大約一公斤、原價一五０元的原料(例如果醬等配料)，可以製作三十至四十個可麗餅，換算後每一個成本大約為五元；加上瓦斯、人事等管銷費用，一個最低單價四十元可麗餅，至少可以有高達六成的利潤，相當可觀。阿諾表示，可麗餅利潤高、回收快，非常適合小額投資的加盟主。

　　此外，客人也可以另外添加喜歡的食材。別看每一份只有五元到十元單價的添加料，這一部份的收入累積起來絕對可觀！

　　利潤雖然高，但是阿諾非常強調真材實料的重要性。從事餐飲業多年的阿諾發現，不少原本生意不錯的攤子，就是敗在偷工減料上面！「只要我多給客人一點，我就會賺得更多！」阿諾斬釘截鐵的發表觀察得到的結論。

■■ 客 層 調 查 ■■■■

輕便特性吸引年輕的女性消費者。

　　阿諾分析，可麗餅屬於低價的速食，不管當成正餐或者零食，份量都剛剛好。以師大夜市總店為例，主要的顧客群年齡介於十八歲至二十八歲，百分之七十都是女性，這樣的數據顯示，便於攜帶、可邊走邊吃的特點，讓可麗餅更容易親近女性消費者。

　　阿諾表示，有些客人剛開始一天會買兩個可麗餅，但是一陣子之後，他們就

為了讓顧客有更多選擇，阿諾特別又研發了和風口味的抹茶鬆餅來吸引消費者上門。

冰淇淋口味可麗餅。冰涼的冰淇淋遇見火熱的餅皮，口感奇特。

「不見了」，可見客人偶爾需要「休息一下」，換一換新鮮的東西。有鑑於產品出現週期性的問題，迫使阿諾更積極的研發新產品，期望以不同的變化，刺激產生新鮮感，因為他深知，如果死守固有成績，終將被市場淘汰。

■■ 未 來 計 畫 ■■■■

勾勒旗艦店的遠大計畫與夢想。

　　阿諾對於未來規劃也想得非常清楚：「我要開一家規模很大的旗艦店，因為吃可麗餅會口渴，所以我也要賣很多飲料。另外我的裝潢要走法國風格，讓客人體驗法國凱旋門的臨場感。」

　　說著說著，阿諾更不禁手舞足蹈的興奮起來：「我也想要闢一處兒童遊戲區，像是麥當勞一樣。另外，很多速食店送餐到樓上的時候，常常不小心打翻飲料，所以我的旗艦店要有電扶梯！」說起未來阿諾的計畫，有夢想，也有根基於實際觀察得來的結論。浪漫與現實兼顧，讓阿諾在餐飲的路上走得特別有風。

(此為阿諾可麗餅師大總店開業數據)

項　　　目	說　　　明	備　　　註
創業年數	6年	
坪數	3坪	餐車一台
租金	4萬5千元	
人手數目	4人	工讀生為時薪制，每小時為80元至110元之間
平均每日來客數目	500人	平均每人消費金額為40元至70元之間
平均每月進貨成本	20萬元	
平均每月營業額	75萬元	
平均每月淨利	40萬元	

阿諾工作情形,身材壯碩的他,在經營小吃上卻有難得的細心。

當問到這個問題的時候,阿諾不假思索的說出二個要點:第一,能給客人的越多,自己賺的錢相對地也就會增多。第二,把員工當成自己的家人、子女,沒有員工的努力與付出,老闆的洋房和車子都將化為烏有。其實,阿諾的感想,也正是許多老闆欠缺的觀念。在不少人的想法中,做生意不就是銀貨兩訖!哪來的那麼多理論?不過阿諾卻相信,生意要做得好,這些看似細微末節的小地方,就不得不顧。開店加盟,花錢就可以辦到;但是永續經營,卻得花上更多心思。

★ ★ ★ ★ ★ 阿諾可麗餅加盟需知 ★ ★ ★ ★ ★

加盟阿諾法式可麗餅其實很簡單,只要準備八萬元的加盟金,就包含了所有生財器具,技術轉移及商圈規則尋點等輔導。在開業前還會有一連串的職前輔導,讓加盟者可以在總店學習製作可麗餅的技巧,熟悉之後自己開店就可以順利上手。另外,還會有開店前市場調查,並且享有商圈一公里的保障,免得同業之間相殘。開店後,則提供配貨廠商。

由於統一大量進貨可壓低成本,而且還有服務送到家以及商品新鮮度保證。再加上經濟部商品檢驗局之企業識別商標,讓有意加盟者在加盟之後更多一分保障。

★ ★ ★ ★ ★ 加盟條件一覽表 ★ ★ ★ ★ ★

加 盟 形 式	八 萬 元 加 盟	分 期 付 款 加 盟
創業準備金 (不含店租及押租金)	約10萬(不包括六萬元本票的保證金)	每個月支付一萬元給總部,半年之後再支付餘額三萬元
保證金	免	免
加盟權利金	八萬元(含所有生財器具)	免
技術轉讓金	免	免
生財器具裝備	23萬元	15萬8千元
拆帳方式	全部營業利潤都歸於加盟主	
月營業額	約二十萬至七十二萬之間(預估)	
回本期	約一到三個月(預估)	
加盟熱線	(02) 8201-6868	
網址	home.kimo.com.tw/arnor_carepe/cake01.htm	

可麗餅

作法大公開

★材料說明

　　目前店中比較受歡迎的是海
陸總匯口味的可麗餅，材料像是玉米
粒、培根肉等，都很容易取得，只要夠新鮮，
做出來可麗餅吃起來都會讓客人有物超所值的
滿足。以下即為一人份海陸總匯口味的可麗餅所需用料。

可麗餅材料
圖，包括火腿、
鮮蝦、鳳梨等。而起
司片、青菜、玉米粒是基
本材料。

項　　目	所　需　份　量	價　　格
麵粉糊	200公克	1公斤包裝25元
玉米粒	約30公克	1罐15元
蟹肉棒	1根	1包約45元
美乃滋	約10公克	1包25元
培根肉	4片	1包50元

★製作方式

1 前製處理

　　將低筋麵粉、砂糖、雞蛋以
3：2：1的份量，以及其他特殊配方(即老
闆的秘方)，和水打勻調製而成麵粉糊。其
他材料在購買回來的時候，大多都已經經
過烹煮，所以不需耗費太多時間準備。

特殊配方
——麵粉糊，
也是製作餅皮最
重要的配方。阿
諾研究許久之後
才找到最適當的
作法。

2 製作步驟

1 將適量的麵粉糊倒在平底煎鍋上面。

2 用工具將麵粉糊從外向內畫圓平均擴散至整個煎鍋，等待約一分鐘，麵粉糊稍微變硬之後，再放入配料。(由外向內畫圓，是為了讓外圍的餅皮煎得時間較久，口感會較內圍更為酥脆。而當客人第一口咬下可麗餅時，便是先感受到最外層的酥脆，而後逐漸吃到中心的柔軟部分)

3 不論客人選擇哪一種口味，都必須先加入四片起司，增加可麗餅風味。

阿諾可麗餅

4 依序放入火腿片、
鳳梨、玉米、蝦
仁、青菜等配料(依
口味不同而有變
化)。

5 在配料上面添加
一些美乃滋以及
蕃茄醬,讓整個
可麗餅更吃。

6 等待一到三分鐘,
讓麵皮以及配料充
分加熱。尤其是麵
皮必須做到酥脆爽
口,不要不軟不
硬,可麗餅才會好
吃。

在家DIY小技巧

自己動手做可麗餅很簡單，因為不需要用到特殊的器具，家裡常使用的食材和器具就可以輕鬆做出美味的可麗餅。

把低筋麵粉、砂糖、雞蛋，依3：2：1的比例調製成麵粉糊。準備一個平底煎鍋，同時以小火煎到麵粉糊有點硬、呈酥脆口感之後，就可以把玉米、鮪魚等喜歡的配料放上去，再擠一些美乃滋、果醬或者蕃茄醬，就大功告成。不過不要放太多餡，不然餅皮會撐破。

7 用劑子將麵皮先對摺，再三等分將配料包起來，裝入紙袋就大功告成。

8 海陸總匯口味的可麗餅完成圖。

獨家秘方

製作可麗餅最重要的部分在於餅皮，餅皮必須酥脆，才是上上之作，不過也可依照個人口感做調整。「阿諾可麗餅」的餅皮，是由阿諾本人精心研究許久才研發出來的，建議讀者多多比較其他家可麗餅，自然能夠發現「阿諾可麗餅」麵皮的不同之處。

阿諾可麗餅

美 見證

我的學校就在師大，因為地緣之便，我常常來阿諾可麗餅光顧。它的份量真的很大，尤其打完球之後馬上來一份，配上一大杯可樂，相當過癮！

柯敏弘(29歲，學生)

可麗餅小常識

可麗餅的二三事

可麗餅可說是法國式的蛋餅，它原本只是法國布耳塔尼島上的地方小吃，後來被當做宮廷料理，如今法國各個角落都可以都可以嚐到。

自從十二世紀以來，布島地區的居民無分貴賤，都享用美味營養的可麗餅或是較厚的全麥烘餅（Galette）。島上的居民們以可麗餅或烘餅來代替傳統的麵包，並伴隨著奶油，雞蛋，香腸及生洋蔥切條一起食用。

早期，可麗餅是在以陶土為製成的大圓盤上製作；直到十五世紀時，人們開始使用鐵製的平瓦板；現代則改用鐵製的平底鍋。布島的人民稱這個平底鍋為Bilig，法文為Galet，亦即「卵石」之意，表示製作的器具是圓形或橢圓形。十五世紀以來，島上居民製作可麗餅時，有時甚至會一次做兩百個以上，以供全家人一星期食用。

飄洋過海來到台灣的可麗餅，多半不以傳統速食店的餐廳模式，而採門市或攤車的方式經營，而且本來以刀叉食用的宮廷烹飪，在台灣變成了邊走邊吃的輕便吃法，十分隨性而具有親和力。此外，經過業者的改良，可麗餅裡已經加入了許多種的口味，甚至有烤中卷、三杯雞等，讓國際性的可麗餅也充分本土化了。

附錄

路邊攤總點檢

　　「婆娑之洋、美麗之島」，當荷蘭人第一眼看到台灣的時候，忍不住發出「福爾摩沙（美麗之島的意思）」的讚嘆，往後台灣所經歷的，就像是一篇驚奇的童話故事，許多來自世界各地的種族，曾經在這片土地上發展出不同的際遇，不管是好是壞，都爲台灣帶來與眾不同的觀念。本書特別以異國風味的美食爲題，說明在台灣這樣的島國，卻匯集了來自世界各地的精緻佳餚，的確是讓諸位老饕感到幸福滿意的非凡成果。

　　在書中介紹的攤位，有的老闆本身就是外籍人士，他們憑藉在故鄉的一技之長來台發展，直將最道地的異國美味呈獻給大眾。有的則是基於對美食的狂熱，所以竭盡心力學習異國美食之道，祈求他們的努力，能夠獲得消費者的肯定。

　　在這次介紹的十一家店面當中，加盟與非加盟業者幾乎各半，這樣的風氣相當符合加盟風氣頗盛的潮流，不過不管哪一種經營方式，認真、踏實卻是一致的共同價值，並不是有了加盟總部的依賴，就可以高枕無憂的坐享其成。這也告訴想要加入小吃業的你，雖然這一行利潤不錯，但是長時間的經營以及付出仍是不可避免的。你，真的準備好了嗎？

印第安美式鬆餅

　　鬆餅，源自於歐洲，常見於早餐或下午茶；傳到美國之後，由於便利的作法符合美國人灑脫的個性，因此頗受歡迎。「印地安美式鬆餅」位在公館最繁華的東南亞戲院前面，加上老闆與老闆娘認真的經營，鬆餅的品質獲得客人肯定。天時、地利、人和無一不缺，當然生意興隆，業績也就蒸蒸日上了。

　　「印地安美式鬆餅」的食材強調新鮮、健康。店內兩大主力食品──鬆餅與果汁的材料來源，有一部份是來自王氏夫婦從賣土魷魚羹時代就認識的材料商，因為長久合作下來，彼此已經建立深厚的信任，所以對於材料的品質也有共識，因而很放心的交給材料商代為處理，而材料商也不負所託，專門挑選不錯的食材賣給「印地安美式鬆餅」。

◆創業資金	20萬元
◆每日營業額	1萬元至1萬3千元
◆租金	4萬元
◆平均每月淨利	15萬元
◆加盟與否 (請電洽：02-23658447)	有

比薩王

40歲的劉秀美,在職場上闖蕩多年,練就一身洞悉市場的好功夫,朋友對她的印象不外乎精明幹練、經營有道。不過平時劉秀美展現出來的依然是女性獨有的溫柔婉約,絲毫沒有咄咄逼人的強勢感。

劉秀美將連鎖店無法克服的問題,例如買大送大份量過多,往往讓客人吃不完;以及耗費太多時間在餅皮的製作、價位過高等缺點一一化解,形成「比薩王Pizza King」的優勢。這樣的作法,讓「比薩王Pizza King」找出一條屬於自己的路,更進一步證明劉秀美的眼光獨到。基於如此傲人的成績,旗下30多位加盟主,更是放心選擇「比薩王Pizza King」做為他們創業的第一選擇。

◆創業資金	視加盟類型而定,分為25萬以下,以及60萬至100萬兩種
◆每日營業額	平日1萬5至2萬元左右,假日2萬5千至3萬3千元左右
◆租金	10萬(總店)
◆平均每月淨利	35萬
◆加盟與否	有

(請電洽:02-89233899)

阿里八八的廚房

從巴基斯坦遠征來台的阿里八八,用了自己的名字在台北的南京東路和士林夜市開了兩家店,賣起家鄉菜。

在士林的路邊攤,賣的食物以肉串與薄餅兩大類為主。經過咖哩醃製的微辣肉串,肉塊與青菜配料份量十足,再加上麵粉製作的薄餅。每一份的價格在八十元到一百元之間,光是一個晚上就可以賣出將近兩百到三百串,以數量帶動收入,薄利多銷,仍有豐厚利潤。

講究原味與新鮮是阿里最大的堅持。為了維持品質,阿里堅持必須使用從國外運來的香料;

在南京東路的餐廳,所使用的牛肉都是從澳洲進口,在屠宰過程中以可蘭經加持過的肉類「HALAL」。而特製的泥造火爐,更是遠從印度訂做,定價要一萬五千元。

◆創業資金	7萬元(士林分店)
◆每日營業額	1萬3千元至1萬5千元
◆租金	5萬元
◆平均每月淨利	30萬元
◆加盟與否	無

印度先生的甩餅小舖

沒有什麼取名的方式比單刀直入、簡而易懂來得更為妥當，「印度先生的甩餅小舖」不就是最佳的範例嗎？在招牌上，我們可以看到一個翹鬍子、穿著傳統服飾的印度先生，以企業識別形象而言，亞安禮引用大家印象中印度人的特徵，雖然他並沒有跟著打扮成那副模樣，不過本身的身份就是最好的廣告。

在亞安禮之前，就有人把這項印度小吃引進國內，所以對國人而言，印度甩餅一點都不陌生，只是百分之百由印度人做的道地甩餅，可能只剩亞安禮這一家了。

值得一提的是，「印度先生的甩餅小舖」除了甩餅之外，居然也有提供便當外帶的服務。基本的主菜仍然以雞肉、牛肉、羊肉為主，搭配上蔬菜等等配料，一個只要七十元到八十元之間，十分划算。

◆創業資金	13萬
◆每日營業額	1萬
◆租金	4萬元到5萬元
◆平均每月淨利	10萬元
◆加盟與否	無

它克亞奇章魚燒

日本風味的食物在台灣十分普遍，事實上，不論是高級的日式料理或者簡單的日式小吃，都有高水準的成績。

在地理位置上離我們非常近的日本，確實利用其精緻的美食與特殊的民俗風情，慢慢的影響著台灣文化，不論在流行、文化或者電視節目上，處處可以發現東洋的影子。尤其在飲食方面，由於日本與我國同樣面臨海洋、同樣以米飯為主食，所以在口味的接受習慣上，幾乎說是大同小異。正因為如此，日本食物對台灣人而言，不僅接觸得早、接觸得深，而且廣為一般人所接受。

蔣先生表示：「章魚燒的好吃與否決定在章魚的品質，別以為經過麵粉以及調味料的重重包裹，章魚的新鮮程度可以矇混過去。」，他強調：「就是吃得出來，騙不了人的！」

◆創業資金	15萬元
◆每日營業額	8千至1萬元
◆租金	3萬元
◆平均每月淨利	18萬元
◆加盟與否	有

(請電洽：02-28832826)

昆明園

十年前，曾經在台北市黃金地點開業的馬雲昌，最後卻落到虧損十萬，倉皇撤守，連夜搬走從餐廳拆下來的器具，尋找下一個棲身之所。這樣慘痛的教訓，讓他學到許多，至今「昆明園」仍可以看到當時搬遷過來的家具，也見證了馬雲昌從跌倒後再次爬起的過程。

我們在「昆明園」裡面能夠品嚐到來自包括緬甸、印度、巴基斯坦、雲南等地，以及中東與東南亞一帶回教世界的美食。馬雲昌相當有自信的表示：「我這家店，除了裝潢比不上五星級飯店，就食物而言絕對不差。」

馬雲昌的信心當然不是吹牛的。根據觀察，許多附近外商公司的大老闆，在用慣大飯店油油膩膩的食物之後，還是最愛「昆明園」。用最簡單的話語來形容「昆明園」的菜餚，可以說正宗道地，來自緬甸的香料，也是其他地方不易嚐到的。

◆創業資金　　　　　　50萬
◆每日營業額　　　　1萬5千元
◆租金　　　　　　　5萬5千元
◆平均每月淨利　15萬到22萬元
◆加盟與否　　　　　　　無

豪俐鐵板沙威瑪(關渡店)

在所有的異國風味小吃當中，來自中東的沙威瑪，絕對是最早為國人認識與接受的。大家對這樣的景象一定非常熟悉：一根長長的鐵條上面，附著層層疊疊的肉塊，老闆不時在上面塗抹油汁，當客人需要的時候，再以刀片肉，迅速將碎肉塞入好的麵包中，不消三五分鐘，就可以完成一份誘人的沙威瑪。

不過沙威瑪的知名品牌「豪俐鐵板沙威瑪」，卻發現傳統的作法固然已經為大多數人所熟悉，但是仔細分析，卻隱藏不少致命的缺點。因此「豪俐鐵板沙威瑪」的創辦人彭增忠與許嘉真夫婦二人，腦筋一轉，將傳統的沙威瑪改成鐵板燒的形式，一方面保留了沙威瑪的風味，一方面摒除傳統作法導致的不衛生，也豐富了原本單調的口味。

◆創業資金　　　　　　15萬元
◆每日營業額　　　8千元到1萬元
◆租金　　　　　　無(店面自有)
◆平均每月淨利　　　　17萬元
◆加盟與否　　　　　　　有
　(請電洽：03-3659340或0800-
　063988)

三丸子

一對待人親切的老夫妻，歷經攤販餐車等等不同的經營模式，秉持著對餐飲的熱愛，在兩人都已超過60歲高齡之後，決定捨棄在家享福的平淡日子，重操舊業，再度以開餐廳為業。夫妻兩人其實也不愁沒生活費，只是兒孫長大之後，發現一個人窩在家實在無趣，所以毅然決然的在士林夜市附近了一個店面，專門作學生的生意。

因為定位清楚，採取低價位行銷，一年多以來，生意倒也蒸蒸日上，夫妻二人越做越帶勁！他們希望能夠以自己對餐飲的喜愛，帶給消費者們極佳的享受，縱使價位不高，裝潢樸素，但是實在好吃，卻比什麼事情都來的重要。從老闆夫婦身上，我們看到的是一個忠於事業、堅持信仰的極佳典範。

◆創業資金	30萬元
◆每日營業額	2萬元
◆租金	3萬元
◆平均每月淨利	35萬元
◆加盟與否	無

正宗馬來西亞咖哩雞

「正宗馬來西亞咖哩雞」沒有花俏的命名，張桂香認為，將產品清楚明瞭的告知消費者，其實就是最佳策略。她認為並沒有太多的考量，「簡單就是最好」。

任何經過「正宗馬來西亞咖哩雞」攤位的人，一定會被那兩個碩大的鍋子引發好奇心。其中一個鍋子裝的是炒飯，而另外一個則是馬來西亞風味的雜燴湯。這裡的炒飯，散發著一股濃郁的香氣，熱呼呼地，用料雖然只有玉米、豌豆和火腿塊，看似簡單，吃起來卻別有一番風味。另一款咖哩飯也頗受歡迎，澄黃的色澤十分誘人；而附加的新鮮黃瓜、小魚花生還有炸蛋(這是用熱油炸過的雞蛋，有整粒蛋與荷包蛋兩種)，更增添營養豐富的程度。

◆創業資金	10萬元
◆每日營業額	6千元至8千元
◆租金	3萬
◆平均每月淨利	9萬至12萬
◆加盟與否	無

仙人掌——墨西哥雅食

墨西哥的食物以辛辣為特點,在製作過程中,放入大量的香料更是必要的步驟。位在新店市的「仙人掌——墨西哥雅食」,除了秉持墨西哥美食的特色外,還特別融入台灣人的口味,讓每一道菜吃起來順口不鹹膩。

李老闆表示,玉米餅、塔可、袋餅等都是正宗的墨西哥菜的代表作,這些菜餚都屬於前菜,而很多速食店也將這些零食化做正餐。基本上而言,不論前菜或者正餐,墨西哥菜餚都使用了包括辣椒、大蒜、洋蔥等等的調味料,這樣的重口味讓性格激烈的墨西哥人吃得特別過癮!李老闆發表自己對墨西哥菜餚的觀察:「墨西哥菜吃的方法很隨性,像是捲餅,只要把餡料包在餅皮當中就可以當成一餐。此外,墨西哥人吃東西的時候,還會搭配酒精濃度特高的龍舌蘭酒,相當豪邁!」

◆創業資金	80萬元
◆每日營業額	1萬5千元
◆租金	無(自家住宅改裝)
◆平均每月淨利	15萬元
◆加盟與否	無

阿諾可麗餅

採訪阿諾的時候,他調理分明的分析市場趨勢;而整個可麗餅的事業版圖,在阿諾細心的規劃下,略有小成。從阿諾身上,我們看到他對事業的用心經營,著實令人感動!在「阿諾可麗餅」的師大總部前面,小小的攤子總是擠滿等待的客人,甚至來自外地的觀光客,也會好奇的拿起攝影機,記錄這個難得的台灣奇蹟。

阿諾表示,法國的鍋子比較大,餅皮口感比較軟,重起司、鵝肝醬等口味。而日本的可麗餅大致上與台灣的差不多,但是偏奶油與新鮮水果的作法。在台灣,新鮮水果方面頂多使用香蕉而已(因為香蕉加熱之後比較不會變味),而台灣人特別喜歡酥脆的口感,所以製作可麗餅的要訣便是餅皮一定要焦焦的,讓客人吃起來很過癮才行。

◆創業資金	10萬元
◆每日營業額	約為2萬元
	(平均一天賣出500份)
◆租金	4萬5千元
◆平均每月淨利	40萬元
◆加盟與否	有
(請電洽:02-82016868)	

路邊攤創業成功指南

　　全台灣有多少個小吃路邊攤？對於這個數字，應該沒有人可以回答的出來吧！這個問題的答案，範圍大到可至各大夜市搜尋，小則要到小巷僻弄探索。爲什麼各式各樣的小吃攤那麼多？爲什麼大家都想做個小生意？

　　我們可以用兩個成語簡單的回答這個問題：「吃飯皇帝大」、「民以食爲天」。景氣再怎麼差、世道再怎麼不景氣，人總不能不吃飯吧？豪華五星級大飯店吃不起，到路邊攤來一碗二十元的滷肉飯總不成問題吧！

　　正因爲進入門檻低、獲利豐，所以無論什麼時候，總是可以吸引許多有爲者亦若是的朋友前仆後繼、起而效尤的踏入這一行。不過，成功的模式可以複製，複製後的模式卻不保證成功。小吃這一行完全沒有想像中容易。在我們之前介紹的十一個案例中，這些業主確實都是在摸索中求進步，困難中求生存。成功，依然有跡可尋，我們在這他們身上，看到了一些踏上成功之路不可或缺的重要因素。

一、樂在工作，保持高度興趣

「要有興趣，才可以堅持得久」，如果做一項事情失去了興趣，或者原本以為大有發展的事業，接觸過後才發現與自己的價值觀相去甚遠，那麼獲利再豐潤的事情做起來也異常痛苦！

小吃業就是最好的例子，很多人都只看到利潤豐富這項誘因，卻忽略接下來必須面對的考驗。

「三丸子日式美食」老闆楊建武與妻子楊陳月霞夫妻倆，歷經攤販餐車等不同的經營模式，秉持著對餐飲的熱愛，在兩人都已超過六十歲高齡之後，決定捨棄在家享清福的平淡日子，重操舊業，再度以開餐廳為業。因為定位清楚，採取低價位行銷，一年多以來，生意倒也蒸蒸日上，夫妻二人越做越帶勁！他們希望能夠以自己對餐飲的喜愛，帶給消費者們極佳的享受。

「仙人掌——墨西哥雅食」的老闆娘李小姐，接觸墨西哥料理的時間超過二十年以上，她從一個什麼都不瞭解的廚房助手，變成幫助餐廳開發新菜單的重要人物。當中的轉折，就是靠李老闆不停的摸索、研究，到底墨西哥菜要怎麼做才好吃！

二、堅持原則，品質不打折

現在的小吃攤老闆越來越清楚：「生意是長久的，絕對不可以貪一時的小便宜而偷工減料。」尤其消費者的選擇性增多，口味自然變得刁鑽，哪一家是真材實料、哪一家混水摸魚，通通逃不過市場嚴格的檢驗！

「它克亞奇章魚燒」的老闆蔣先生表示：「章魚燒的好吃與否決定在章魚的品質，別以為經過麵粉以及調味料的重重包裹，章

魚的新鮮程度可以蒙混過去。」、「就是吃的出來，騙不了人的！」為此，蔣先生總是直接從基隆港買進最新鮮的章魚。

「比薩王Pizza King」的主力產品──義大利麵，精選由義大利進口的「Buono」品牌。在義大利文中，「Buono」代表「Excellent」極棒的意思。這個廠牌的產品具有煮後Q度高、不易斷裂等特色。「比薩王Pizza King」的的負責人劉秀美表示，雖然「比薩王」走的是平價路線，但是食物材料都必須用第一名、最好的。

三、吃苦當吃補

你能夠忍受清晨五、六點就要起床批貨，不論春夏秋冬都不改變？你能忍受在三十多度的高溫下在廚房與火爐拼命？你能忍受拖著餐車，跑給警察追？你能忍受……？想要從事小吃業，你要忍受的事情遠比想像中的多。

「正宗馬來西亞咖哩雞」的老闆娘張桂香，五十多歲，幾乎每天都窩在狹窄的攤位中，在她前面的，是兩個燃燒著熊熊烈火的大鍋子，唯一幫助她去除酷熱的，就只有一個小小的電風扇，說實在的，效果實在有限，大顆大顆的汗水，依舊在她的額頭上，不斷的冒出。

「阿諾可麗餅」的老闆曾輝鵬，開設許多分店之後，每晚上依舊前往總店，與店員一起服務客人，略顯中年人身材的他，從海軍陸戰隊退役之後，從事許多項職務。對一個像他這樣的大男生來說，要把進貨、製作原料等等的廚房事物瞭解清楚，他當初也是下了非常大的決心。

四、面對挫折不退縮

　　經營小吃業能一次就成功，說實在的，除了感謝老天眷顧，其實也不見得是件好事，因為沒有失敗過，就不知道可能要面對什麼樣的挫折，也許等到更大一波浪濤來臨，只會被打得更站不起來。愈挫愈勇，倒下來再站起來的，才是真正的英雄。

　　「豪俐鐵板沙威瑪」關渡店的加盟主王天賜原本還服務於五金進口的貿易公司，但是隨著景氣越來越差，公司老闆祭出減薪的要求。家庭負擔不小的王天賜，實在無法靠降低的薪資養活家人，正好公司裡面許多的員工跳出來自己開店，成績還不錯。有了可以遵循的例子，王天賜立下決心，和老婆一起參考比較多家加盟業者之後，便毅然決然地加入「豪俐鐵板沙威瑪」，在淡水地區賣起沙威瑪。

　　「昆明園」的老闆馬雲昌更為坎坷。十年前，曾經在台北市黃金地點開業的他，因為過度擴張，成本無法回收，這時候馬雲昌才發現問題的嚴重性，一百五十萬無聲無息的付諸流水。最後落到虧損連連，倉皇撤守，連夜搬走從餐廳拆下來的器具，尋找下一個棲身之所。

　　痛定思痛之後，他重新站起來，向親戚借了五十萬當作新店的創業基金，把復興北路的小巷子當作新的作戰基地。

　　從經營第一家開在世貿附近的餐廳開始，馬雲昌就非常清楚的知道自己要的是什麼。年輕的時候換過不少工作的他，卻在餐飲業找到一片天空。雖然曾經在敦南店摔過一跤，上百萬的老本通通虧光，馬雲昌卻更堅定餐飲這條路是終身的選擇。

在加盟與非加盟之間

　　台灣人本來就非常有生意頭腦，早年中小企業興盛的年代，許多辛苦打拼的台灣人，單單只靠一只皮箱，就可以走遍全世界、四處談生意，經由他們的奮鬥台灣才有今天的成就。雖然景氣低迷了好一陣子，不過謀靜思動的台灣人當然不甘心坐以待斃，於是「加盟」這種新興的營業模式，迅速的擄獲大家注意。

　　由於加盟體系具有輔導經營的優點，讓許多對做生意一竅不通的民眾得以踏進「自己當老闆」的領域。於是乎，在短短兩三年的過程中，各式各樣的加盟體系如雨後春筍般冒出。雖然加盟已經成為一門顯學，但是相信大家都有一個疑問：到底是加盟好還是不加盟好呢？

　　嚴格說來，其實真的沒有一個絕對的答案，在你決定到底要選擇加盟體系或者自行創業的同時，必須將自己所能夠提供的資金、經驗、興趣以及決心多方因素考量進去，在還沒有下定決心之前，先來看看加盟與非加盟的優缺點，也許，你能找到答案。

加盟

1.優點

(1)可由總部輔導

當你決定進入一個加盟體系的時候,總部會針對你本身的條件、承擔風險的程度做出詳細的評估,並且在專人的輔導下,協助你選擇開店地點。通常,總部提供的協助包括風險評估、地點選擇、商圈限制(如:在特定範圍內,不會有第二家同體系的商店一起競爭)、貸款協助、駐店輔導等。

(2)具備品牌優勢

對經營者來說,如何打響自己的品牌,建立消費者的印象,確實是一件必要,但是難度頗高的任務。加盟體系最大的優點就在於連鎖店多、曝光率高,甚至打一次廣告就等於替旗下所有分店一起廣告,這種加乘的效果非常厲害。如果你選擇加入形象良好、知名度高的加盟體系,也就等於繼承了品牌的優勢,消費者對這樣品牌販賣的產品知之甚詳,接受度自然比較高。

(3)作業標準化

對於初次自己當老闆的民眾來說,對做生意相關的know-how一定一頭霧水,在什麼事情都不瞭解的狀況下,一遇到問題馬上顯得手忙腳亂。事實上做生意不是樣樣畫葫蘆那麼簡單。在加盟總部的規劃下,包括餐車、店面標誌,以及相關的作業流程通通都有標準化的規定,務求簡單、便利。對生手而言,也能夠在最短的時間之內學會。

2.缺點

(1)加盟主自主權小

進入加盟體系之後並不表示就此可以自由發展,雖然就形式上看來,加盟主付出權利金,選擇一處地點自行開業,照理來說老闆發揮的空間應該無限寬廣,事實不然。因為在小老闆的上面,還有一個大老闆,也就是加盟總部,任何的原料、生財工具,都必須在總部確保品質的狀況下,加盟主才可以使用;而如果加盟主表現不佳,總部除了可以提出糾舉,甚至可以採取解約的動作,因此加盟主仍須在總部的規定下按部就班行事。就某種程度而言,加盟總部的要求、監督、限制,可能會阻礙個人店面獨特性的經營發展。

(2)容易加入不健全的體系

千萬不要以為加盟就是賺錢的保證,許多體質不健全的加盟總部,可能會害得你血本無歸。部分不良的加盟總部以畫大餅的手段,將預期獲利、加盟店數以及後

勤補給能力不實誇大，製造錯覺引誘加盟主上鉤。因此事先必須詳加瞭解加盟總部的基本資料、負責人以及主要業務經理人的背景、總公司與加盟狀況的詳細資料，確保自身權益。

(3)易因認知不同而起糾紛

加盟店與總部協調溝通不良，造成雙方互動不良，反而會令支援變成負擔。加盟店認為浪費時間人力，而不願意參加總部要求的訓練，或不願意配合總部所舉辦的集體促銷活動，是常見的問題。

3.如何判斷加盟總部的優劣

從下列這幾項列出的條件，可以辨別欲加盟的店家是否可靠。如果答案多半是肯定的，那麼這一定不是適合的加盟對象。

(1)品牌知名度偏低
(2)沒有完整的加盟訓練體系
(3)加盟總部管理制度沒有標準化且書面化
(4)對加盟者來者不拒或盡說好話
(5)加盟金不是太高就是太低
(6)催促加盟者盡速簽約
(7)沒有完善的經營組織體系，或加盟總部組織架構下一人兼數職
(8)宣稱加盟分店與實際經營分店數目不同
(9)加盟總部未告知已加盟分店經營失敗原因
(10)沒有提供詳細的財務報表
(11)加盟總部剛成立不久；或成立時間已久，但加盟家數卻停滯不前
(12)加盟總部沒有舉辦聯合促銷活動、廣告宣傳預算列有限或根本沒有
(13)無法確實落實執行教育訓練

非加盟

1.優點

(1)面對市場改變能應變迅速

沒有總部的牽累，當經營者發現市場上什麼商品最受歡迎、最有潛力的時候，可以不必經過申請，馬上增加銷售項目，甚至改變經營模式。以小吃業為例，當消費者反應某項產品口味有待改進的時候，店主可以立即反應，不需要經過向總部回報，再做出因應的對策，在第一時間便可立即跟上大環境腳步。

(2)可充分發揮興趣與專長

往往受限於資金以及加盟總部條件限制，加盟主無法真正完全依照興趣選擇業

種。但是小本經營的非加盟小吃業，就比較可以針對自己的專長來發揮。譬如某甲專長的項目是魷魚羹，但是可能某甲對於加盟總部的有關規定無法接受，或者不認同其理念，也有可能市場上根本沒有魷魚羹的加盟總部可供選擇，所以可以自行跳出來創業。

(3)容易塑造個人化、形象化的特色商店

加盟體系的好處是形象統一，但是優點也是缺點，所有店面看起來都一樣的情形下，讓喜歡嚐鮮的朋友久而久之就會失去興趣。如果非加盟的店面可以鑽研自己的專長而有所發揮，很容易就能夠變成頗具個性的特色商店，屆時吸引的客群就有可能超過加盟體系。

2.缺點

(1)單打獨鬥較辛苦

任何事情都有一體兩面，非加盟體系因為缺乏總部的保護與協助，所以在遭遇風險、困難的時候，缺少諮詢的對象以及提供援助的靠山，許多事情都得自行解決。因此更有可能在遭遇緊急危難的時候，敗下陣來。而營業所需的原料、工具，都必須自行打點，如何在節省成本與維持營收之間取得平衡，非加盟業者比加盟主必須付出更多心血。

(2)作業流程把關不嚴

沒有標準化的作業流程，容易讓成品品質出現問題。在沒有加盟總部的規範下，經營者往往不注意自己的外在形象(包括個人穿著以及店面整潔等)，當然也會導致產品變質，此舉讓消費者容易心生厭惡，破壞整體商譽。這一點也是非加盟的個體戶一定要注意、克服的問題，消費者也最常因為店主的服務態度、商品品質等方面的問題而流失。

3.如何選擇經營的行業

如果你決定不加盟任何商家，打算自己單打獨鬥開創事業。你知道該如何選擇經營的行業嗎？以下是我們給你的建議。

(1) 從事與自己專長有關、或有興趣的行業：在遇到問題時，相對就較能容忍挫折，也較容易解決困難。

(2) 選擇投資金額較低行業：剛開始創業時因為經驗及經營管理能力尚未成熟，不宜投入大量資金。

(3) 選擇回收較快行業：大部份剛開始時創業資金都較短缺，選擇回收較快之事業，可避免周轉不靈的狀況發生。

(4) 選擇民生消費必需行業：消費者不可或缺的民生消費必需行業，比較不需擔心顧客來源，而這也就是小吃路邊攤獨佔創業鰲頭的原因。

(5) 選擇具有未來願景行業：一時流行性行業及夕陽行業，不適宜投資經營。

認識異國香料

　　香料在世界各國的料理中扮演非常重要的角色，獨特的芬芳是它的特色。不同環境、風俗、信仰、文化使各地飲食習慣迥異，當然料理方式和使用香料的方法也就千變萬化。

　　香料的樂趣，在於巧妙多變的運用，只有充分了解香料，才能煮出色香味俱全的食物。以下便是外國香料的特色、味道及功效。

巴西利(*Parsley*)

　　也稱香菜或西洋香菜，屬香菜科植物，它的葉、根都可以食用，而葉子更是烹飪烘焙的常用香料之一，一般最常被使用的部分也是巴西利葉；新鮮的巴西利也比乾燥後的巴西利葉氣味濃郁。

　　巴西利根部部分的香氣可耐長時間的烹煮，但巴西利葉子的香氣則不耐久煮，因此一般在使用上是將葉子切碎後，在最後才加入食物中烹調，或是放在盛裝好的食物上增加香氣之用，一方面也可做為點綴之用，完整的葉子也經常被放在盤中做裝飾之用。

　　將新鮮的巴西利洗淨後，甩掉水份，用紙巾包好放入密封袋中置冰箱冷藏，可保鮮一星期左右。

百里香(*Thyme*)

　　百里香屬薄荷科植物，原產於歐洲南部，現在歐洲、北非及美洲都有栽種。葉子部分做為香料使用，夏季的百里香氣味比冬天強烈。

　　百里香優雅濃郁的香氣，適合用在牛肉等肉類料理中，或與其他香草植物搭配做成綜合香草束。也分許多不同品種，其中最常見的檸檬百里香（Lemon Thyme）帶有檸檬香氣，特別適用於海鮮、蔬菜等菜餚；柳橙百里香（Orange Thyme）則帶有橙皮的香味。美加地區及歐洲國家菜餚喜愛使用百里香，尤其是法國，在雞、肉、蛋、湯、沙拉、醬汁等皆可使用。

芫荽(又名芫茜，*Coriander*)

　　芫荽又稱胡荽，在台灣俗稱香菜。其葉形平而葉沿帶齒狀，與平葉形的巴西利葉形十分相似但氣味迴異，它們的葉子大都用於生食，葉子在經過烹煮後氣味會減弱，尤以芫荽葉更甚，加熱後或葉子新鮮度香味也嚴重流失。因為芫荽與巴西利它們之間的相似性，因此又有「中國巴西利」（Chinese Parsley）之稱，與巴西利（Parsley）同屬一家族。芫荽在亞洲地區是常被使用的佐味香料，如中國、越南、印尼、馬來西亞、泰國等地區，拉丁美洲國家也在菜餚中使用到它，尤其是墨西哥料理，如沙拉、湯、Taco等等，芫荽的另一個英文名為 Cilantro，即來自於西班牙文。

　　在台灣，切碎的生芫荽葉經常的出現在各式小吃中，放在食物或醬汁最上層，一方面做裝飾，同時也做香味搭配，如粽子、筒仔米糕、油飯、肉圓、貢丸湯（或使用細芹末）。在北美地區一般種植胡荽最好在可見陽光但避免強烈陽光直接曝曬的地方，氣溫在 15℃ 左右最宜，如果所居住地區較為炎熱，可以選擇越南或墨西哥品種的較耐熱，到冬天最好移至室外避免霜凍。

俄力岡(又名牛至，*Oregano*)

　　亦稱為花椒葉或比薩草。葉深綠色，有刺激味，花葉具有濃郁的辛辣味。它是香料草的一種，通常可以在放黑胡椒粉的櫃子附近找到。它經常用在比薩以及雞肉、魚類菜餚上以增加香氣。

迷迭香(*Rosemary*)

　　迷迭香利用的部分是葉子，葉面細長，原產於地中海地區。現在除了環繞地中海的國家，美國、英國、墨西哥也都有栽種。

　　許多香料在經過長時間的烹調後氣味會大大的減弱，但迷迭香的葉子仍可以保持它的香氣，尤其是使用新鮮的迷迭香葉。在烹調魚、肉、雞、蔬菜、沙拉、湯時經常使用到它，最常使用的菜餚則是法國、義大利、希臘等國的食物，但因其氣味強烈而且耐長時間烹煮，使用時最好不要過量。

鼠尾草(*Sage*)

　　鼠尾草有許多不同的種類，味道微苦，氣味濃烈，在遠距離聞起來與迷迭香有些類似。

　　鼠尾草主要利用的部分是葉子，葉片經常搭配雞肉、豬肉、魚類等

脂肪含量多的食材，味道強烈如肝臟等料理也適合，尤其是和洋蔥一起塞入整隻雞腹內烹調。另外，嫩葉也適合搭配醋或奶油烹調。在地中海地區的國家較常使用到鼠尾草，尤其是義大利。在義式菜餚中的雞肉和肉類，尤其是肉質細嫩的小牛肉經常使用鼠尾草來調味。

羅勒(Basil)

又名洋紫蘇，台名九層塔。羅勒在古希臘是對香料的一種尊稱，在古希臘文中為「國王」，意為香料之王的意思。在中國北魏時代則稱為「蘭香」，現在也有些書翻譯為「紫蘇」。

羅勒原產印度，印度教徒認為是用來奉獻給神的香料之中最高貴的一種。羅勒現在世界各地都有種植，而且品種多達 50 種以上，有些帶有強烈的甜香味，有些種類更帶有辛辣味，所以不能隨意的添加。最常見的檸檬羅勒帶有檸檬的香味，肉桂羅勒則帶有肉桂的香味。在台灣最廣為使用的羅勒品種俗稱九層塔，帶有些薄荷氣味，有些丁香味，有些檸檬味，有些茉莉味，有些百里香的氣味，具有多種香味的集合體。

使用時要選用新鮮的葉子，避免使用乾料。其實它就如九層塔，只是歐洲的品種沒那麼嗆，所以可以用九層塔替代食譜中的處方並減量。

羅勒的葉子用來食用，是義大利菜餚中不可缺少的材料，如義大利麵、比薩、沙拉等料理。其他像是地中海地區的國家、中國、東南亞、日本等國家也利用它來烹調食物，在世界上其他國家的菜餚也愈來愈常見到羅勒的使用。羅勒在美食的領域應用極廣，如醬汁、湯、海鮮、肉類、沙拉、麵包、西點等，生吃或炒菜都非常美味。

將新鮮的羅勒葉用紙巾包好，放入保鮮袋中置於冰箱內冷藏，可以維持 4至5天。另一種方法是將羅勒葉切碎後，加入少量的橄欖油中，可以保存得更久，在食用沙拉或是醬料時可以使用這種加了羅勒的橄欖油。乾燥的羅勒也是很好的保存方法，放在密封罐中置於陰涼處，香味雖然不比新鮮羅勒，但香味亦可維持六個月左右。

茴香(Fennel)

原產自地中海沿岸，是相當高大的大型香草植物。自夏季開始呈散狀綻放黃色的小花全株散發優雅的芳香和風味，有相當多的品種。

只要有充足的陽光和良質的土壤，可半永久性的加以利用，掉落的種子也可生出新的植株。醬汁、魚類料理、沙拉、快炒料理等均可利用。還可用來插花，製作沐浴精或用來蒸臉美容。

薄荷(Mint)

　　薄荷很適合酸酸辣辣的泰國菜。薄荷的葉片除了在料理時加入糖漿、醋、調味醬汁、無酒精飲料等增加香味之外，在其他方面的用途也很多。像是將葉片加入薄荷茶或其他藥草茶可以增添風味；也可以製成花束或乾燥花香包。而從「Peppermint」這個薄荷品種的葉和開花頂端萃取出來的精油，具有清涼感，能提神醒腦，消除嘔心、反胃。

　　此外，葉片具有促進消化、解除腹脹等效果，常見的「Peppermint」，葉片具有殺菌及發汗作用，如果不小心有小傷口時，敷一些攪爛的葉子在患處，有殺菌的功效。

辣椒(Chili)

　　辣椒的品種很多，葉子細長，未成熟時外表為綠色，成熟後則轉紅、橘、黃、紫等不同色澤。成熟的辣椒，亦可經由乾製後壓成粗碎、片狀、粉末狀，或另行調製成其他辣味產品。

　　辣椒的成分是辣椒精（Capsicin），有促進食慾和防腐的功效。由於具有醒味與強化物味道的功用，生食、炒食或可做成各種調味料、藥料如咖哩粉、辣椒醬、辣油等等。

　　新鮮的番椒富含維他命C，約為同重量番茄的6到9倍，能幫助分解澱粉質食物，如果覺得胃寒疼痛、氣滯腹脹，也有用適量辣椒拌菜吃，但若大量食用，易導致腸胃極度不適。

　　在購買新鮮辣椒時，應挑選質地清脆，表皮未產生皺紋者。由於辣椒的品種有溫和有辛辣，體積較大、肉質豐厚的品種，味道比體積較小、肉細皮薄的品種更為溫和。如果食用辣椒卻造成口腔因辛辣感而不適時，可以立即食用白飯、麵包或豆類，減緩其辣度，千萬不要以水沖釋，否則只會造成辣度擴散，並無任何幫助。

蒔蘿(Dill)

　　原產於中亞及南歐，現在主要產於斯堪地那維亞、波蘭、土耳其及義大利。適合搭配魚和海鮮，特別是鮭魚。最好使用新鮮的蒔蘿，乾燥的幾乎會失去了它特有的香味。因為它的味道很容易散失，所以最好在最後一刻才加入它，另外葉子最好用剪的不要用切的。

全台食品材料行

嘉美行
地址：基隆市豐稔街130號B1
電話：(02)2462-1963

證大
地址：基隆市七堵明德一路247號
電話：(02)2456-9255

美豐商店
地址：基隆市孝一路36號
電話：(02)2422-3200

全愛烘焙食品行
地址：基隆市信二路158號
電話：(02)2428-9846

富盛烘焙食品材料行
地址：基隆市南榮路50號
電話：(02)2425-9255

楊春美烘焙材料行
地址：基隆市成功二路191號
電話：(02)2429-5695

晶萊
地址：北市和平東路3段212巷3號
電話：(02)2733-8086

得榮
地址：北市甘州街50號1樓
電話：(02)2555-7162

飛訊
地址：北市承德路4段277巷83號
電話：(02)2883-0000

白鐵號
地址：北市民生東路2段116號
電話：(02)2551-3731

同燦
地址：北市民樂街125號
電話：(02)2553-3434

孟老師
地址：北市和平東路1段14號7樓
電話：(02)2364-1010

萊萊
地址：北市和平東路3段212巷3號
電話：(02)2733-8086

歐品食品行
地址：北市延平北路4段153巷38號
電話：(02)2594-8995

永利行
地址：北市迪化街1段160號
電話：(02)2557-5838

益良食品原料公司
地址：北市迪化街一段84號
電話：(02)2556-6048

媽咪商店

地址：北市師大路117巷6號

電話：(02)2369-9868

全家烘焙材料行

地址：北市羅斯福路5段218巷36號

電話：(02)2932-0405

京原企業

地址：北市承德路7段401巷971號

電話：(02)2893-2792

巧婦烹飪中心

地址：北市忠孝東路5段623號6樓

電話：(02)2762-3432

皇品食品行

地址：北市內湖路2段13號

電話：(02)2658-5707

元寶

地址：台北市內湖環山路2段13號

電話：(02)2658-8911

珍饈坊

地址：台北市內湖環山路2段133號1樓

電話：(02)2658-9985

正大食品機械

地址：北市康定路3號

電話：(02)2311-0991

義興西點原料行

地址：北市富錦街578號

電話：(02)2760-8115

洪春梅西點器具店

地址：北市民生西路389號

電話：(02)2553-3859

申崧

地址：北市延壽街402巷2弄13號

電話：(02)2769-7251

精美露商店

地址：北市忠孝東路3段217巷2弄14號

電話：(02)2741-5217

飛訊公司

地址：北市承德路4段277巷83號

電話：(02)2883-0000

網址：www.cadediy.com.tw

岱里食品公司

地址：北市虎林街164巷5號1樓

電話：(02)2725-5820

果生堂

地址：北市龍江路429巷8號

電話：(02)2502-1619

源記食品商店

地址：北市崇德街146巷4號1樓

電話：(02)2736-6376

義興

地址：北市富錦街578號

電話：(02)2760-8115

向日葵烘焙DIY

地址：北市敦化南路1段160巷16號

電話：(02)8771-5775

倫敦

地址：北市廣州街220-4號

電話：(02)2306-8305

同燦貿易有限公司

地址：北市民樂街125號

電話：(02)2553-3434

大億烘焙器具有限公司

地址：北市大南路434號

電話：(02)2883-8158

惠康國際食品股份有限公司

地址：北市天母北路58號

電話：(02)2872-1708

益和商店

地址：北市中山北路7段39號

電話：(02)2871-4828

大葉高島屋

地址：台北市忠誠路2段55號

電話：(02)2831-2345

加嘉

地址：台北市南港富康街36號

電話：(02)2651-8200

得宏

地址：台北市南港研究院路1段96號

電話：(02)2783-4843

卡羅國際企業股份有限公司

地址：北市南港路2段99-2號

電話：(02)2788-6996

加嘉

地址：北縣汐止環河街183巷3號

電話：(02)2693-3334

嘉元食品

地址：北縣中和國光街189巷12弄1-1號

電話：(02)2959-5771

安欣實業

地址：北縣中和連城路347巷6弄33號

電話：(02)2225-0018

艾佳

地址：北縣中和市宜安街118巷14號

電話：(02)8660-8895

GOGOMALL

地址：北縣永和永亨路42號

電話：(02)3233-9158

全成功

地址：北縣板橋市互助街36號

電話：(02)2255-9482

上荃食品

地址：北縣板橋長江路3段112號

電話：(02)2254-6556

旺達食品

地址：北縣板橋信義路165號1樓

電話：(02)2962-0114

聖寶

地址：北縣板橋市觀光街5號

電話：(02)2693-3112

德麥食品

地址：北縣五股工業區五權五路31號

電話：(02)2298-1347

今今

地址：北縣五股四維路142巷14弄8號

電話：(02)2981-7755

合名公司

地址：北縣三重重新路4段214巷5弄1號

號

電話：(02)2977-2578

崑龍食品

地址：北縣三重永福街242號

電話：(02)2287-6020

虹泰

地址：北縣淡水市水源街1段61號

電話：(02)2629-5593

郭德隆

地址：北縣淡水市英專路78號

電話：(02)2621-4229

馥品屋

地址：北縣樹林鎮大安路175號

電話：(02)2686-2569

吉滿屋

地址：北縣樹林鎮長壽街9巷33號1樓

電話：(02)2675-2111

永誠

地址：北縣鶯歌鎮文昌街14號

電話：(02)22679-8023

陸光食品

地址：桃園八德市陸光1號

電話：(03)362-9783

華源食品行

地址：桃園市中正三街38號

電話：(03)332-0178

楊老師工作室

地址：桃園市樹仁一街150號

電話：(03)364-4727

和興

地址：桃園市三民路2段69號

電話：(03)339-3742

乙馨食品行

地址：桃園縣平鎮市大勇街禮節巷45號

號

電話：(03)458-3555

東海

地址：桃園縣平鎮市中興路平鎮街409號

號

電話：(03)469-2565

元宏

地址：桃園縣楊梅鎮中山北路1段60號

電話：(03)488-0355

台揚

地址：桃園縣龜山鄉東萬壽路311巷2號

號

電話：(03)329-1111

桃榮

地址：中壢市中平路91號

電話：(03)422-1726

艾佳食品

地址：中壢市黃興街111號

電話：(03)468-4557

新盛發

地址：新竹市民權路159號

電話：(035)323-027

新勝行

地址：新竹市中山路640巷102號

電話：(035)388-628

萬和行

地址：新竹市東門街118號

電話：(035)223-365

正大食品

地址：新竹市中華路1段193號

電話：(035)320-786

康迪食品

地址：新竹市建華街19號

電話：(035)208-250

中　　部

永誠行

地址：台中市民生路147號

電話：(04)224-9876

利生行

地址：台中市西屯路2段28-3號

電話：(04)312-4339

辰豐實業

地址：台中市中清路151-25號

電話：(04)425-9869

總信食品

地址：台中市復興路3段109-4號

電話：(04)220-2917

玉記香料行

地址：台中市向上北路170號

電話：(04)310-7576

永美食品材料行

地址：台中市健行路665號

電話：(04)205-8587

豐榮食品

地址：台中縣豐原市三豐路317號

電話：(04)527-1831

益豐食品原料

地址：台中縣大雅鄉神林南路53號

電話：(04)567-3112

永誠

地址：彰化市三福街195號

電話：(04)724-3927

王成源食品

地址：彰化市永福街14號

電話：(04)723-9446

信通

地址：員林鎮復興路59巷26弄12號

電話：(04)835-4066

金永誠食品

地址：員林鎮光明街6號

電話：(04)832-2811

順興食品原料行

地址：南投縣草屯鎮中正路586號-5

電話：(04)933-3455

永誠

地址：雲林縣虎尾鎮德興路96號

電話：(05)632-7153

新豐食品原料行

地址：雲林縣斗六市西平路137號

電話：(05)534-2450

新瑞益食品原料行

地址：雲林縣斗南鎮七賢街128號

電話：(05)596-4025

南　　部

新瑞益

地址：嘉義市新民路11號

電話：(05)222-4263

福美珍食品原料行

地址：嘉義市西榮街135號

電話：(05)222-4824

上輝

地址：台南市建平街6號

電話：(06)297-1725

瑞益食品

地址：台南市民族路2段303號

電話：(06)222-8982

上品烘焙

地址：台南市永華一街159號

電話：(06)299-0728

永昌食品原料行

地址：台南市長榮路1段115號

電話：(06)237-7115

薪豐行

地址：高雄市福德一路75號

電話：(07)721-3413

烘焙家

地址：高雄市慶豐街28-1號

電話：(07)588-4425

玉記香料行

地址：高雄市六合一路147號

電話：(07)236-0333

十代有限公司

地址：高雄市懷安街30號

電話：(07)381-3275

和成香料原料行
地址：高雄市三民區熱河一街208號

電話：(07)311-3976

正大食品機械器具
地址：高雄市五福二路156號

電話：(07)261-9852

德興烘焙原料專賣場
地址：高雄市三民區十全二路101號

電話：(07)3114311-4

旺來興食品量販店
地址：高雄市本館路151號

電話：(07)392-2223

順慶食品
地址：高雄縣鳳山市中山路237號

電話：(07)746-2908

聖林
地址：屏東市成功路161號

電話：(08)732-2391

屏芳
地址：屏東市大武路403巷28號

電話：(08)752-6331

屏順食品
地址：屏東市民生路79-24號

電話：(08)723-7896

屏豐食品
地址：屏東市潮洲鎮太平路473號

電話：(08)788-7835

四海食品原料行
地址：屏東市廣東路77號

電話：(08)723-2773

東 部 、 離 島

裕順食品
地址：宜蘭縣羅東鎮純精路60號

電話：(039)543-429

典星坊
地址：宜蘭縣羅東鎮林森路146號

電話：(03)955-7558

立高商行
地址：宜蘭市校舍路29巷101號

電話：(039)386-848

萬客來
地址：花蓮市和平路440號

電話：(038)362-628

玉記
地址：台東市漢陽路30號

電話：(089)326-505

永誠
地址：澎湖縣林森路63號

電話：(069)263-381

香料供應商

禾廣有限公司

地址：台北市延吉街131巷12號

電話：(02)2741-6625

海森食品行

地址：北市民生東路三段130巷18弄9號

電話：(02)2546-5707

地中海

電話：(02)2709-1207

見豐食品公司

地址：北市雙城街18巷18號1樓

電話：(02)2618-3070

曙商實業股份有限公司

電話：(02)2332-5508

網址：www.akebono.com.tw

新新食品行

地址：台北市安和路一段67號(地中海餐廳1樓)

電話：(02)2707-4499

地址：台北市中山北路6段756號

電話：(02)2873-2444

營業項目：進口義大利與法國食材、各式起司、肉製品、加工調味品及少許蔬菜，還有歐式麵包。

寶翠企業有限公司

地址：北市內湖區港華街3號2樓

電話：02-2978-6340

法樂琪美食精品店

地址：台北市天母東路50巷27號

電話：(02)2874-7185

亞舍食品公司

地址：北市天母忠誠路二段170號1樓

電話：(02)2871-6005

濟生股份有限公司

地址：台北市西安街116號

電話：(02)2553-3107

SOGO百貨超市

地址：台北市忠孝東路4段45號B2

電話：(02)2771-3171

遠東百貨超市

地址：台北市寶慶路27號

電話：(02)2707-6116

法國南部

地址：台中市中興街175號

電話：(04)325-6206

寶國股份有限公司

地址：台中市西屯區中工一路70號7樓之2

電話：(04)359-8967

十代行

電話：(07)380-0278

異國料理烹飪器具供應商

多提亞食品有限公司

電話：(02)2593-5120

傳真：(02)2595-1872

E-mail：tortilla@tortilla.com.tw

商品種類：墨西哥薄餅、玉米薄餅、塔可油炸藍等相關配件

頂騻實業有限公司

地址：台北市信義區莊敬路340號2樓

電話：(02)8780-2469

傳真：(02)8780-2470

網址：www.topnic.com.tw

E-Mail：topnic@ms46.hinet.net

商品種類：烘焙家電、攪拌機、烤箱、麵包機、鬆餅機、壓麵機、電子磅秤、烘焙
模型與器具、食品原料等

日商康勝企業股份有限公司

台北營業所

地址：台北縣五股工業區五權七路53號

電話：(02)2299-5515

台中營業所

地址：台中市昌平路2段166巷20號之1

電話：(04)2421-3966

高雄營業所

地址：高雄縣燕巢鄉瓊林村安招路480-5號

電話：(07)616-8872

網址：www.kousho.com.tw

商品種類：各式包裝材料、超市後場設備、迴轉壽司台、壽司成型包裝機、切菜機等
餐飲設備

至惠股份有限公司

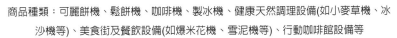

地址：台北市忠孝東路5段71巷40號

電話：(02)2763-6596

傳真：(02)2765-6290

網址：www.lcreator.com.tw

商品種類：可麗餅機、鬆餅機、咖啡機、製冰機、健康天然調理設備(如小麥草機、冰
沙機等)、美食街及餐飲設備(如爆米花機、雪泥機等)、行動咖啡館設備等

奕立實業有限公司

地址：台北縣汐止市福德二路322號

電話：(02)2694-9751

傳真：(02)2694-9752

網址：www.ucook.com.tw

E-mail: great.stand@msa.hinet.net

商品種類：電動食品攪拌器、烘焙器具、調理五金用品、量杯、刀具、掃除用具等

理騰工業股份有限公司

地址：台中縣烏日鄉溪南路288-4號A棟

電話：(04)2335-3639‧(04)2335-5253

傳真：(04)2335-5260

網址：www.litun.com.tw

E-mail：sales@litun.com.tw

商品種類：冰沙機、熱狗油炸機、沙威瑪機、關東煮、調理機等

【異國美食篇】

作者	師瑞德、大都會文化編輯部
發行人	林敬彬
主編	郭香君
助理編輯	蔡佳淇
美術編輯	周莉萍
封面設計	周莉萍

出版	大都會文化 行政院新聞局北市業字第89號
發行	大都會文化事業有限公司
	110台北市基隆路一段432號4樓之9
	讀者服務專線：（02）27235216
	讀者服務傳真：（02）27235220
	電子郵件信箱：metro＠ms21.hinet.net
郵政劃撥	14050529 大都會文化事業有限公司
出版日期	2002年8月初版第1刷
定價	280元
ISBN	957-30017-8-0
書號	Money-006

Printed in Taiwan

大都會文化
METROPOLITAN CULTURE

國家圖書館出版品預行編目資料

路邊攤賺大錢6.異國美食篇／師瑞德、大都會文化編輯部著
——初版——
臺北市：大都會文化發行
2002〔民91〕
面； 公分.—（度小月系列；6）
ISBN：957-30017-8-0
1.飲食業 2.創業
483.8   91012666

北 區 郵 政 管 理 局
登記證北台字第9125號
免　貼　郵　票

大都會文化事業有限公司
讀者服務部收

110 台北市基隆路一段432號4樓之9

寄回這張服務卡 (免貼郵票)
您可以：
◎不定期收到最新出版訊息
◎參加各項回饋優惠活動

大都會文化 讀者服務卡

書號：Money-006　路邊攤賺大錢【異國美食篇】

謝謝您選擇了這本書！期待您的支持與建議，讓我們能有更多聯繫與互動的機會。日後您將可不定期收到本公司的新書資訊及特惠活動訊息，若直接向本公司訂購書籍（含新書）將可享八折優惠。

A. 您在何時購得本書：_____年_____月_____日

B. 您在何處購得本書：_____書店，位於_____(市、縣)

C. 您購買本書的動機：（可複選）1.□對主題或內容感興趣 2.□工作需要 3.□生活需要 4.□自我進修 5.□內容為流行熱門話題 6.□其他_____

D. 為針對本書主要讀者群做進一步調查，請問您是：1.□路邊攤經營者 2.□未來可能會經營路邊攤 3.□未來經營路邊攤的機會並不高，只是對本書的內容、題材感興趣 4.□其他_____

E. 您認為本書的部分內容具有食譜的功用嗎？1.□有 2.□普通 3.□沒有

F. 您最喜歡本書的：（可複選）1.□內容題材 2.□字體大小 3.□翻譯文筆 4.□封面 5.□編排方式 6.□其它_____

G. 您認為本書的封面：1.□非常出色 2.□普通 3.□毫不起眼 4.□其他_____

H. 您認為本書的編排：1.□非常出色 2.□普通 3.□毫不起眼 4.□其他_____

I. 您希望我們出版哪類書籍：（可複選）1.□旅遊 2.□流行文化 3.□生活休閒 4.□美容保養 5.□散文小品 6.□科學新知 7.□藝術音樂 8.□致富理財 9.□工商企管 10.□科幻推理 11.□史哲類 12.□勵志傳記 13.□電影小說 14.□語言學習（___ 語） 15.□幽默諧趣 16.□其他_____

J. 您最想看到本書介紹哪一種路邊攤小吃：_____

K. 請您推薦最值得介紹的路邊攤小吃店家，並註明店名、地址（或大略的位置）與推薦原因：_____
_____
_____

L. 您對本書(系)的建議：_____
_____

讀者小檔案

姓名：_____　性別：□男 □女　生日：_____年_____月_____日

年齡：□20歲以下□21～30歲□31～50歲□51歲以上

職業：1.□學生 2.□軍公教 3.□大眾傳播 4.□服務業 5.□金融業 6.□製造業 7.□資訊業 8.□自由業 9.□家管 10.□退休 11.□其他_____

學歷：□ 國小或以下 □ 國中 □ 高中／高職 □ 大學／大專 □ 研究所以上

通訊地址：_____

電話：（H）_____（O）_____傳真：_____

行動電話：_____E-Mail：_____

度小
系列

度小月系列